审美与平等

雅克·朗西埃美学思想研究

岳凤 —— 著

AESTHETIC AND EQUALITY
THE STUDY ON JACQUES
RANCIÈRE'S AESTHETICS THOUGHTS

中央编译出版社
Central Compilation & Translation Press

图书在版编目（CIP）数据

审美与平等：雅克·朗西埃美学思想研究 / 岳风著. —北京：中央编译出版社，2023.4（2024.9 重印）

ISBN 978-7-5117-4303-9

Ⅰ.①审… Ⅱ.①岳… Ⅲ.①雅克·朗西埃–美学思想–研究 Ⅳ.①B83-095.65

中国版本图书馆 CIP 数据核字（2022）第 194721 号

审美与平等：雅克·朗西埃美学思想研究

责任编辑	李媛媛
责任印制	刘　慧
出版发行	中央编译出版社
地　　址	北京市海淀区北四环西路 69 号（100080）
电　　话	（010）55627391（总编室）　（010）55627310（编辑室） （010）55627320（发行部）　（010）55627377（新技术部）
经　　销	全国新华书店
印　　刷	北京印刷集团有限责任公司
开　　本	710 毫米 × 1000 毫米　1/16
字　　数	201 千字
印　　张	13.75
版　　次	2023 年 4 月第 1 版
印　　次	2024 年 9 月第 2 次印刷
定　　价	70.00 元

新浪微博：@中央编译出版社　　微　　信：中央编译出版社（ID: cctphome）
淘宝店铺：中央编译出版社直销店(http://shop108367160.taobao.com)　（010）55627331

本社常年法律顾问：北京市吴栾赵阎律师事务所律师　闫军　梁勤
凡有印装质量问题，本社负责调换，电话：（010）55626985

目　录

前　言 ·· 1

第一章　朗西埃美学思想的历史语境与理论来源 ············ 13
第一节　朗西埃美学思想的平等追求 ······················· 13
一、历史变革与平等诉求 ······································ 14
二、思想基础与逻辑起点 ······································ 18
第二节　朗西埃美学思想的感性理论谱系 ··············· 33
一、感性的遮蔽：淹没在理性和神性世界之中 ······ 34
二、感性的解放：从异化劳动走向审美的王国 ······ 36
三、感性的重建：从单向度的人走向总体的人 ······ 42
四、感性的分享：从等级秩序走向审美民主化 ······ 46
本章小结 ·· 48

第二章　审美的发生：微观生命的彰显 ························ 50
第一节　从宏观到微观的构境 ································· 50
一、歧义—异质性 ··· 51
二、事件—症候性 ··· 59
三、历史—断裂性 ··· 67
第二节　从主体到生命的显现 ································· 70
一、生命的桎梏 ·· 71

二、生命的隐性构序 …………………………………… 72
　　三、生命的主体化 ……………………………………… 77
本章小结 …………………………………………………… 81

第三章　审美的感受：可感物的分享 ………………… 82
第一节　治安—政治的逻辑 ……………………………… 82
　　一、治安及其问题 ……………………………………… 83
　　二、政治及其价值 ……………………………………… 85
第二节　可感性的分配 …………………………………… 88
　　一、感性的公共性 ……………………………………… 88
　　二、感觉的分配 ………………………………………… 90
　　三、不可见的可见 ……………………………………… 93
第三节　艺术的美学体制 ………………………………… 96
　　一、艺术的美学体制的提出 …………………………… 96
　　二、艺术的三种体制 …………………………………… 99
　　三、美学体制的价值 …………………………………… 110
第四节　艺术的走向与美学的命运 ……………………… 114
　　一、艺术的自律与美学的神话 ………………………… 114
　　二、艺术的终结与美学的退场 ………………………… 117
　　三、日常生活审美化与美学的泛化 …………………… 120
本章小结 …………………………………………………… 123

第四章　审美的民主化：感性分享领域 ……………… 125
第一节　文学的介入 ……………………………………… 126
　　一、文学的无声性 ……………………………………… 126
　　二、文学的介入性 ……………………………………… 130
　　三、文学的政治性 ……………………………………… 133
第二节　诗歌的僭越 ……………………………………… 137
　　一、古典诗学模式 ……………………………………… 138

二、马拉美的闯入 …………………………………………… 140
　　三、僭越的品格 ……………………………………………… 144
第三节　影像的寓言 ……………………………………………… 147
　　一、平面的世界 ……………………………………………… 148
　　二、真实与虚幻 ……………………………………………… 151
　　三、表面与深度 ……………………………………………… 155
本章小结 …………………………………………………………… 158

第五章　审美的介入：从批判到平等的建构 …………………… 160
第一节　审美的批判功能——审美现代性批判 ………………… 160
　　一、启蒙现代性的危机 ……………………………………… 161
　　二、审美现代性的冲动 ……………………………………… 163
　　三、批判艺术的迷途 ………………………………………… 165
第二节　审美的沟通功能——审美的平等维度 ………………… 168
　　一、智识的平等 ……………………………………………… 169
　　二、知识的诗学 ……………………………………………… 172
　　三、解放的观众 ……………………………………………… 175
第三节　审美的建构功能——审美的政治功效 ………………… 179
　　一、美学的伦理转向 ………………………………………… 179
　　二、对美学伦理转向的批判 ………………………………… 182
　　三、对美学的政治坚守 ……………………………………… 184
本章小结 …………………………………………………………… 190

结　语 ……………………………………………………………… 192

参考文献 …………………………………………………………… 205

后　记 ……………………………………………………………… 214

前 言

20世纪,是人类科学技术发展最为迅速、人类物质财富最为富足的世纪。人类创造了以前所有世纪人类物质文明的总和,科学、技术、人、理性无疑成为了世界的主宰。但20世纪也是不乏荒诞和充满悖论的世纪,西方资本主义世界自从工业革命以来所创造的物质文明成果显著、成绩赫然,但物质财富的急剧增长没有给西方资本主义世界带来更符合马克思所构想的美好的人类社会的样子,反而使得贫富差距更加扩大,社会矛盾不断突出。而且,巨大的物质财富非但没有使人的精神更加富足、人性更加完善,一系列的现代性问题却造成了现代性的精神危机和恐慌,人非但没有实现真正的自由,反而陷入了深深的无法逃脱的异化。

面对20世纪的世纪性的二律背反,面对西方资本主义社会物质财富暴涨及其所带来的人的精神空虚、心灵危机,纳西姆·尼古拉斯·塔勒布(Nassim Nicholas Taleb)在《反脆弱:从不确定性中获益》中描绘了20世纪西方社会是一个充满着不确定的世界,工具理性和科学技术理性的泛滥,使得自启蒙开启的理性试图建立一个坚不可摧的秩序,但当启蒙理性自身出现了问题,这个秩序就会变得更脆弱、更不确定,并成为制约人的现代性神话。面对西方资本主义社会这样的现状,有良知的知识分子,都在进行着深刻的理论性剖析和批判。

作为法国当代哲学家、美学家的雅克·朗西埃(Jacques Rancière,1940—)正是在这样的时代诞生的理论家,也自然担负起了这样的重任。对人类社会美好形态的向往，对平等、自由、美好的理想社会形态的不断探索，是马克思终身理论研究和实践研究的出发点和归宿。马克思旨在通过构建一个实现每个人的自由而全面发展的社会，使人在自由人的联合体中得到复归，进而实现更高层次的平等，从而描绘了人类未来社会的美好景象。正是沿着马克思这一思路，朗西埃在21世纪的今天，面对人类社会新的发展、新的问题、新的矛盾，从审美与政治的关系探讨出发，以"感性的分配/分享"所具有的普遍的共通感，重新定义了政治的含义、美学的概念，认为美学就是对可感觉经验的重构，美学就是政治。在可感觉经验的重构过程中，使得那些在既有的秩序之内"不可见者"可见、"不可说者"可说，扰乱既定的感性分配秩序和结构，打破体制的限制，创造崭新的异质空间。朗西埃认为美学天然地就具有"平等"的意蕴，"平等"既是其价值观又是方法论，更是他终极的审美追求。

为此，朗西埃的全部哲学美学思想的两个核心关键词就是平等和感性，平等是朗西埃的终极理论诉求，感性是朗西埃理论研究的出发点。他直接将"平等"纳入审美政治领域，直面经济全球化和西方资本主义的本质，深入挖掘感性的力量，赋予美和艺术以救赎的重任。可以说，朗西埃以解构的方式，冲破了西方传统哲学美学对总体、秩序和同一的追求，却以建构的方式，追求着人类平等的、审美的解放规划。由此，从马克思的"感性解放"、马尔库塞"新感性的重建"，朗西埃"感性的分享"，"感性"与现实的、解放的维度相结合，勾勒了现当代美学政治转向的图式，描绘了从"感性"出发追求政治理想的美好诉求。

一、朗西埃其人

作为法国当代思想的重要代表人物，朗西埃被西方学界定义为法国继福柯和德勒兹之后最引人注目的思想家之一，与巴迪欧、阿甘本、齐泽克一起构成了当代世界活跃的激进左翼思想图景，成为激进地批判资本主义、寻求思想上和实践上打破全球资本主义铁幕的思想战士。法国巴黎第四大学助理教授哈兹米格·科西彦在2016年3月发表于《国外理论动态》杂志上的一篇题为《朗西埃、巴迪欧、齐泽克论政治主体的形塑——图绘当今激进左翼政治哲学的主体规划》的文章中声称:"雅克·朗西埃、阿兰·巴迪欧和斯拉沃热·齐泽克均是当代最著名的批判理论家。"[1]

朗西埃出生在法国的阿尔及利亚,曾任法国巴黎第八大学哲学系系主任、荣誉教授,与德里达、福柯一样,曾在巴黎高等师范学院学习。朗西埃曾师从阿尔都塞,是其目前国际学术影响较大的学生之一,1965年曾与阿尔都塞合著《读〈资本论〉》。朗西埃早年的学术研究领域涉及政治哲学、知识论、存在主义和伦理学。1985年,他编辑出版了《人民美学》一书,开始专注于美学—政治的研究,随后他的学术研究转移到了美学和艺术哲学领域,尤其近20年来,其研究的主要重心都集中在美学的重建和文艺理论批判之中。20世纪90年代以来,曾在德里达创立的国际哲学研讨会里主持美学讲座,主讲"艺术表现的美学制域"(Régime esthétique des arts),其美学理论的核心概念——"感觉的分配/分享"(le partage du sensible)就是这时候提出来的。21世纪初,朗西埃离开德里达创立的国际哲学研讨会之后,接续"感觉的分配/分享"的论述,对于当代西方民主提出批判。朗西埃美学理论的路径是,他首先回归到鲍姆嘉通最初建立美学学科时所使用的"感性"的内涵之中,创造性地给美学重新下了一个不同于以往的定义,认为美学就是可感性经验的重构,引发了当代美学界的讨论。并且,因其学术生涯初期对于无产阶级劳动工人的关注以及他一以贯之的政治介入姿态,朗西埃独创性地发现了感性所具有的"平等"维度以及美学的政治性,打开了一个审美与政治关系研究的新的视角。成为继文化研究、身份政治学、后殖民学说以外的当代文艺理论研究的新的讨论热潮。朗西埃最具华彩的强而有力的表述就是:"审美的范式所形成的,是一种新的共同体,它让自由和平等的人们拥有他们本来的感

---

[1] [法]哈兹米格·科西彦:《朗西埃、巴迪欧、齐泽克论政治主体的形塑——图绘当今激进左翼政治哲学的主体规划》,孙海洋译,载《国外理论动态》,2016年第3期。

性生活。"① "并没有属于现代的政治'美学化',因为原则上政治就是美学的。"②

朗西埃曾同让-吕克·南希（Jean-LucNancy, 1940— ）一起受邀在法国国家文化电台主讲"哲学接龙",定期于美国纽约州立大学及康乃尔大学讲授法国文学和哲学思想。前法国总统候选人 Ségolène Royal 曾提及朗西埃是她最欣赏的哲学家。2006 年,朗西埃的 The Politics of Aesthetics 英文版出版,时任 Artnet 杂志的副主编本·戴维斯为这本书写了一个书评,其中指出朗西埃的美学理论已成为视觉艺术的一个参考点。朗西埃还曾在许多世界级艺术场合如伦敦的 Freize Art Fair 中举办讲演。国际美学学会前任主席、现任斯洛文尼亚国家科学院哲学与艺术研究所所长、《马克思主义美学研究》集刊编委阿列西·艾尔雅维奇（Ales Erjavec, 1951— ）教授,在《美学革命与 20 世纪先锋运动》一书中,曾多次提到朗西埃思想对他的深刻影响,"在我看来,朗西埃更有趣些,我认为他更具理论生产性"③。并且,书中对朗西埃的美学政治等思想作了介绍和研究。

2009 年 11 月,朗西埃在台湾举办了一系列专题讲座,对其美学与政治学思想进行了一次展演与宣讲,同时在台湾出版早期重要著作《歧义》。之后,朗西埃的政治学与美学思想在中国就有了升温的趋势。随后,2013 年 5 月,朗西埃在中国美术学院南山路校区发表"审美—政治:平等之方法"的演讲;在尤伦斯发表"什么是当代艺术的时间?"的演讲;在四川美术学院发表"说、演和做:在艺术与政治间"的演讲;在复旦大学视觉学院作了公开课:"纪录片'政治'";在同济大学中法中心作"解放或民主,就在今天"的演讲。此次的行程,《社会科学报》以《当代艺术:审美平等下的艺术行动——法国哲学家雅克·朗西埃访谈》为题进行了采访

---

① [法] 雅克·朗西埃:《美感论:艺术审美体制的世纪场景》,赵子龙译,北京:商务印书馆 2016 年版,第 8 页。
② [法] 雅克·朗西埃:《歧义:政治与哲学》,刘纪蕙等译,西安:西北大学出版社 2015 年版,第 81 页。
③ 王杰、胡漫:《当代美学中的艺术与政治——艾尔雅维奇教授访谈录》,载《文艺研究》,2017 年第 12 期。

报道。在被问及"什么是审美平等下的艺术行动"时,朗西埃回答:"如果一个工人面对镜头,用另外一种形式来讲他或她自己的生活时,这与艺术家用一个新框架和套路来表达一个主题就差不多了,两者之间就达到了审美平等。这个时候,工人就是艺术家,艺术家与民工之间达到了审美平等。"①朗西埃因政治与美学的论述使得他在当代艺术界受到热烈关注,他宣称艺术的美学体制指向的是一种平等和民主的政治。在当下中国,这样强有力的美学论断已经久违了。也正因此,2013 年后,朗西埃备受中国学术界的重视,对其著作的翻译和研究工作迎来了一个高潮。

目前,朗西埃的中译著包括分别是《政治的边缘》(上海译文出版社 2007 年版)、《图像的命运》(南京大学出版社 2014 年版)、《文学的政治》(南京大学出版社 2014 年版)、《词语的肉身》(西北大学出版社 2015 年版)、《哲学家和他的穷人们》(南京大学出版社 2014 年版)、《歧义》(西北大学出版社,2015 年版)、《沉默的言语》(华东师范大学出版社,2016 年版)、《对民主之恨》(中央编译出版社 2016 年版)、《美感论》(商务印书馆 2016 年版)、《历史之名》(华东师范大学出版社 2017 年版)、《历史的形象》(华东师范大学出版社 2018 年版)、《马拉美:塞壬的政治》(河南大学出版社 2017 年版)、《贝拉·塔尔:之后的时间》(河南大学出版社 2017 年版)、《美学中的不满》(南京大学出版社 2019 年版)、《无知的教师——智力解放五讲》(西北大学出版社 2020 年版)。

二、研究的目的和意义

对朗西埃美学的研究不能离开对整个西方美学史中理性主义美学的地位。可以说,西方哲学和美学的历史中,从古希腊巴门尼德的"存在"、柏拉图的"理念",到中世纪神学完善的"上帝"和近代启蒙哲学至上的"理性",西方理性哲学传统使得"感性"一直处于被压抑的命运。自从

---

① 陆兴华:《当代艺术:审美平等下的艺术行动——法国哲学家雅克·朗西埃访谈》,载《社会科学报》,2013 年 8 月 1 日。

1750年鲍姆嘉通以"aesthetica"(感性、感觉)一词命名美学开始,对于"感性"的研究有了一个独立的专门的学科。尽管鲍姆嘉通仍然是在认识论范畴内研究"感性",也即人的"感性认识",但他所确立的"感性认识的完善就是美的"这样作为学科研究范畴的美学的重要原则,在美学经历了两个多世纪的发展之后,依然没有改变。这也就是朗西埃牢牢抓住的一点,也成为我们今天研究朗西埃的主要目的和意义,具体来说,可以分为以下几点。

第一,对于摆脱美学衰落、艺术终结、美学终结的现状,重塑美学学科的理论地位,重申美学的独立自由品格具有重要的意义。

20世纪以来,现代西方美学及审美理论发生了巨大的变化。美学研究进入了语言学转向,从本体论美学、认识论美学向语言学美学、存在主义美学、审美文化等研究范式转型,存在主义美学、精神分析美学、结构主义美学、解释学美学、现象学美学、女性主义、后殖民主义,众多美学流派纷呈,百家争鸣。尤其在20世纪60年代以后,随着解构主义的兴起以及后现代主义的异军突起,美学研究更是出现了新的态势。

可以说,启蒙的宏大叙事在解构主义时代或者说后现代主义时代被瓦解和撼动,后现代主义瓦解启蒙叙事的武器就是"事件转向"(turn to the event),"事件转向"使得偶然性日益被人们所认识,后现代性的显著标志就是反本质主义、反意义确定性,提倡多元主义、历史偶然性、非体系性。后现代主义美学对现代形而上学美学进行了批判,美并非自由的活动,它不具有形而上的性质;审美并无确定的本质,所谓美的本质只是一种话语权力的设定;审美只是日常生活,具有身体性、消费性;艺术与一般文化并无本质的区分,它已经日渐融入日常生活,甚至走向终结。后现代主义美学把审美等同于大众文化,取消艺术的边界,使审美世俗化,导致文化学代替了美学;后现代美学认为艺术是意识形态、话语权的建构,否定了审美对现实的批判性,导致以社会学代替美学;后现代美学以身体性取代精神性(福柯、德勒兹),否认了审美的自由性,导致以生理学代替美学;后现代美学把日常生活审美化,将艺术纳入消费主义逻辑,导致审美的泛化,以快节奏的艺术品取代艺术;后现代美学否认了美的本质,否定了美的意义和真理性（德里达），导致以语言学取代美学。后现代主义美学把美等同于日常生活，否认了美学的超越性、自由性、真理性。伊格尔顿曾指出："后现代主义是一种文化风格，它以一种无深度的、无中心的、无根据的、自我反思的、游戏的、模拟的、折中主义的、多元主义的艺术反映这个时代性变化的某些方面，这些艺术模糊了'高雅'和'大众'文化之间，以及艺术和日常经验之间的界限。"①

这些新的理论思潮极大地拓展了当代美学研究的问题域，并且使得在受到后现代主义的巨大冲击之后，当代美学曾一度衰落，艺术终结论、美学终结论甚嚣尘上。在关于现代与后现代性的争论中，以哈贝马斯为首的现代性支持者，坚守整体观、真理观、提倡交往和共同体。同时，一部分当代马克思主义哲学美学家都从左派激进立场加入了这场讨论。他们基本都批判了后现代主义的深度模式削平、历史意识断裂、主体性丧失、距离感消失、主观感消弭、审美变成了"审丑"，艺术也不再有超越性，艺术和美学成为适应性和沉沦性的代名词。后现代反文化、反美学的策略，使其失去了有效的建构，一味地否定已在思维层、美学层、意识形态层面上遭遇到诸多限制。

正是这样，当代"美学复兴""美学复归"的思潮蠢蠢欲动，朗西埃正是在这样的时代和理论背景中凸现出来的一位思想家和美学家。面对美学在当代的命运，朗西埃必须面对的一个问题是，在后现代主义流行的今天，是否还有必要去重申美学的价值。朗西埃的答案是肯定的，他突破了后现代主义美学的重围，拨开迷雾，重申了美学在当代的意义和价值，使其成为美学回归热潮的一个缩影。这是朗西埃对当代美学研究的重要价值所在，也是对其进行研究的主要目的之一。

第二，对于拨开美学研究中的伦理学、社会学、文化学等多重迷雾，厘清美学研究的问题域具有重要的意义和价值。

朗西埃不但重申了美学在当代的意义和价值，还突破了古希腊以来西

---

① ［英］伊格尔顿：《后现代主义的幻象》，华明译，北京：商务印书馆2005年版，第 vii 页。

方理性主义哲学传统对"感性""感觉"压抑的传统，重新返回"感性"的古希腊文原义，以及"感性"在鲍姆嘉通创建美学学科时的最初涵义，确立了以"感性的分配/分享"（"le partage du sensible"）为核心的艺术的美学体制，开创了当代美学的新局面。

"感性"一词的希腊文为"Aisthesie"，古希腊早期自然哲学家如泰勒斯、阿那克西曼德、阿那克西米尼、德莫克利特等分别将"水""气""火"等感性物质看作是世界存在的始基。但自巴门尼德提出超感性的"存在"、柏拉图将"理念"视为最高的存在开始，"感性"一直处于被压抑的状态。感性及其知觉中的想象力、生命力、感知力等因其与理性的认识目标相反而遭到了无视和遮蔽。随着人类文明的日益进程和启蒙理性面临的危机，从近代认识论对人的感性认识能力的探讨以及鲍姆嘉通创建美学学科开始，随后的康德、黑格尔、席勒、马克思、叔本华、尼采、阿多诺、马尔库塞等大批现代哲学家们再一次返回并重视了"感性"的沟通和协调价值。康德赋予了"感性"先验的时空形式，认为没有感性，就不会有质料和对象提供给人；席勒认为人在"游戏"的审美王国中是自由的、完整的，只有感性的审美的人才能建造审美的社会；马克思将"感性的解放"视为人的未来解放的方式和路径，理想社会的人一定是"感性丰富"的"有着全面感性"的人；尼采批判了自苏格拉底以来的理性主义抬高理性，忽视感性，认为表面的、现象的东西是没有价值的，他重估了感性生命的价值；本雅明、阿多诺和马尔库塞等西方社会批判理论家从"感性"独特视角对现代资本主义社会进行反思批判，从感性的审美的维度来探索人的解放途径，马尔库塞提出用"新感性"的具有变革社会力量的新的人来对抗"单向度的人"。可以说，感性话语及其蕴含的审美之维在现当代无所不用其极。从现代直觉主义、唯意志主义、存在主义、弗洛伊德主义到后现代各种"事件"和话语（身体、语言、言语），从叔本华的"上帝远去"到尼采的"上帝之死"，从罗兰·巴特"作者之死"到福柯的"人之死"，感性话语在近现代不断出场，并越来越成为现代哲学和美学的重要维度。

朗西埃就是牢牢抓住了"感性"的维度，重新建构了他的审美体制。

他从康德美学中找到了源泉，将康德想象力和知性的自由游戏，以及审美的"无目的的合目的性""无功利性"的原则及共通感，纳入朗西埃的"感性"概念之中，使得他所使用的"感性"概念具有了可分配、可分享的价值。并认为，美学是对可感觉经验的一种重构，"美学不是关于艺术或者美的哲学或科学，美学是可感性经验的重构"①。朗西埃对美学的这个定义，可以说，与西方美学史上"美在和谐""美在效用、合适""美在理念""美是理念的感性显现""美是感性认识的完善""美在生活"等对美的定义不同，更注重了美、美学在感性学上的意义，美学就是研究感性、可感的学科。在重申美学的意义和价值之后，朗西埃对美学又做出了与我们惯常理解的不一样的定义，极大地扩展和深化了美学的概念，以及美学研究的价值和意义。

第三，对于被当代西方资本主义逻辑所收编的文学和艺术，指明了一个关于"平等"和"解放"的方向。

当代西方消费社会使得，艺术被裹挟于商业模式之中，继艺术成为伦理和政治的附庸之后，艺术又成为了资本主义的附庸。在被资本和消费逻辑收编的文学和艺术之中，朗西埃找到了另一个政治的方向，那就是"平等"和"解放"，这种平等和解放是基于感性的维度而言的。朗西埃所说的"感性经验的重构"就是说，真正的美学是可感物与不可感物之间的分布，即可感物的分配格局。在这样的感性的分配格局中，"不可见"可见了，"不可说"可说了，这也是朗西埃的"无分之分"的思想的根本所在。也正是基于这样的思考，朗西埃又发现了自席勒、马克思、阿多诺、马尔库塞沿着感性所走的一条审美与政治的道路。席勒认为要使感性的人成为理性的人，除了首先使他成为审美的人，没有其他途径，他企图通过审美教育建立一个游戏的审美王国，使人成为完整的人；马克思从人的感性的劳动之中也发现了解救人的异化的感性维度，试图建立那个没有异化的世界，也是一个审美的王国；阿多诺认为艺术要继续保持艺术之为艺术的责

---

① ［法］雅克·朗西埃：《美学异托邦》，蒋洪生译，见汪安民、郭晓彦主编：《生产》（第8辑），南京：江苏人民出版社2012年版，第196—212页。

任,以揭露和控诉社会现实对民众的欺骗;马克斯·韦伯主张艺术的自律以区分以科学和道德为主体的现代性对人造成的分化;马尔库塞将"新感性"作为建构自由社会的尺度,将审美和感官的解放直接等同于社会生产力的解放。

在这样将审美与政治勾连的现代美学图景之中,朗西埃也加入其中,并与阿兰·巴迪欧(Alain Badiou,1937—)、斯拉沃热·齐泽克(Slavoj Zizek,1949—)、乔治奥·阿甘本(Giorgio Agamben,1942—)等激进左翼思想家们勾绘了当代西方美学研究的政治转向图景。朗西埃从"感觉的分配/分享"入手,重新勾画了艺术与政治的关系图式,把艺术、美学与政治紧密地连接起来。但朗西埃与前人的不同之处在于,他并不是将审美作为政治的附庸,而是认为美学先天地就具有政治性,这种政治性并不是教化的问题。是不同于如柏拉图一样的通过审美来教育民众从而发挥审美的政治效用,也即审美教化作用。朗西埃认为,美学因其感性的特质,先验地就具有政治性,比如他在《文学的政治》开篇以文学的政治为例说明这种政治性,"文学的政治并非作家们的政治。它不涉及作家对其时代的政治或社会斗争的个人介入。它也不涉及作家在自己的书本中表现社会结构、政治运动或各种身份的方式。'文学的政治'这个说法势必导致文学以文学的身份去从事政治,它假设人们不必考虑作家们是应该搞政治,还是应该致力于艺术的纯洁性,而是说这种纯洁性本身就与政治脱不了干系。"① 在朗西埃看来,作为集体实践的政治和文学和艺术中的政治,也就是他所言的美学的政治,都具有同样的政治性,美学的政治的实现是依托于"美学是可感性经验的重构"。可以说对美学的这个新概念,决定了美学可将所有一切感性的、感觉的经验纳入其中,从而使得美学具有了"平等"的维度。所以,他极力表明艺术不能成为伦理和政治的附庸,不能充当说教的工具。艺术应坚持自身的独立和自主的品格,通过与现实保持分离从而能够产生和制造歧感,扰

---

① [法]雅克·朗西埃:《文学的政治》,张新木译,南京:南京大学出版社2014年版,第3页。

乱所谓的"正确"的看、听、说和行动的模式，重新分配可感性的秩序，使得主体对自身"位置"的可能性改变存有一定的认知，艺术和美学才能引领人民的自由解放的实践。从这个意义上来讲，朗西埃的美学应属于当代实践美学的范式之内，朗西埃也开启了当代美学研究的政治转向。

2014年，澳大利亚天主教大学哲学和政治学教授尼古拉斯·康普瑞德斯在《政治思想之中的审美转向》（*The Aesthetic Turn in Political Thought*）一书中提出："自从18世纪后期以来，美学与政治已经完全相互浸染纠缠在一块，人们已可以谈论这一时期政治思想中的审美转向，回溯一下，从卢梭到席勒到耶拿浪漫蒂克的欧洲浪漫主义的著述、关于法国大革命的意义的讨论框架中的审美转向。因此我们正在谈论的可能是一种回归而不是转向，或者说是一种直到更有利条件出现时而出现的一种被延误阻挡的转向。"[①] 在他看来，与其说当代美学具有了一种政治转向，不如说是一种"回归"，转向具有转折之意，但"回归"意味着审美与政治的关系在美学理论之中的历史渊源。可以说，在现代之前，审美与政治的关系问题就是一直分不开的。伊格尔顿在《美学意识形态》中也认为在资本主义崛起之前，关于"我们能够认识什么？我们应该做些什么？我们被什么东西所吸引"这三个重要的哲学问题并未完全分开。这三个层次就是关系着认识、伦理—政治以及审美领域，也说明了审美与其是广泛地纠缠着的。18世纪之后，在卢梭、席勒、马克思，以及西方马克思主义美学传统中，审美与政治的关联更是逐渐凸现。当代美学的政治转向就是美学话语在融合现代性审美话语过程中所展现出的，融合了政治学、语言学、社会学、人类学等多个学科的结果。朗西埃的理论充分显示了这种多学科交叉融合的特点，朗西埃曾说自己的理论是一个"缝隙哲学"，就是这种融合的体现。但朗西埃将审美与政治的关系问题梳理得更清楚了，也为审美与政治的关系的厘清做出了新的贡献。

---

① ［澳］尼古拉斯·康普瑞德斯：《转向与回归：政治思想之中的审美转向》，强东红译，载《马克思主义美学研究》，2016年第1期。

所以，对朗西埃的研究，对于厘清审美与政治的关系，更好地理解美学在当代的变化和责任，考察当代西方乃至全球资本主义时代背景下，全球的审美现状具有较大的理论意义与现实价值。

第一章 朗西埃美学思想的历史语境与理论来源

朗西埃的全部哲学美学思想的两个核心关键词就是平等和感性。平等是朗西埃的终极理论诉求，正是基于平等的理论诉求，朗西埃结合并扩展了"感性"概念的内涵和外延，将感性维度与平等诉求完美结合，挖掘出"感性"所具有的可分配、可分享的共通功能。其思想的起点和来源是吸收了法国大革命和"五月风暴"之中关于人类自由平等的理想诉求，将自由、平等作为人类的终极理想追求，无论其途径如何，方法为何，目的都是人民的平等和幸福。可以说，朗西埃是如马克思一样具有人类人道主义情怀的哲学家、美学家，与其他注重感性维度的思想家鲍姆嘉通、康德、马克思、马尔库塞等一样，朗西埃正是在感性的维度上建构着自己的理想，力图实现理想的社会图景，使置身其中的人能够自由、平等、幸福地享受着自然和人类的物质、精神财富，其思想具有深厚的美学意蕴。

第一节 朗西埃美学思想的平等追求

随着启蒙理性的危机，科学技术理性的恐慌，启蒙开启的现代性成为攻击和制约人的现代性神话。现代社会中，人成为了马尔库塞所言的片面的"单向度的人"，赫勒所言的具有"双重偶然性"的人。现代性危机的背景之下，人的被操控感越来越强，人陷入了压抑的、无法逃脱的精神危机和心灵危机之中，成为现代人的新的异化。如同霍克海默和阿多诺在《启蒙辩证法》中指出的，启蒙由于自身的内在逻辑而转到了它的反面。生于1940年，见证着世纪性历史变革的朗西埃深切地意识到，造成这种更深的异化的根源就是不平等。"平等"作为被近代哲学家、社会学家、人类学家追求探索了几个世纪的核心关键词，从文艺复兴、宗教改革到启蒙运动，这些声势浩大的文学、艺术、宗教、哲学领域内对平等的追逐之中，人们对自由平等的诉求越发热切。作为生于法国的当代激进左翼思想家，朗西埃对平等的追求，可以说是根深蒂固。

一、历史变革与平等诉求

朗西埃的思想体系之中有着关于"平等"的不懈追求。作为一个出生于1940年的法国人，朗西埃的思想里有着法国人深厚的激进情结，他对自由平等的追求，不仅仅源于两百多年前法国大革命给法国人留下的关于"自由""平等""理性"的精神底蕴，更直接源自于他亲身经历的"五月风暴"的洗礼，以及那场风暴之中对于一切传统权威的拒斥和否定。

（一）平等——法国大革命的宝贵遗产

随着声势浩大的、席卷欧美各国的文艺复兴运动之后，18世纪的启蒙运动以"理性至上"和"科学进步"作为思想启蒙的信条，主张政治上以法治代替人治，经济上反对垄断专制，宗教上实行信仰自由。启蒙运动也是对文艺复兴人文思想在自然科学和哲学领域的深刻表现，而这场由文艺复兴和启蒙运动所倡导的对神权、君权的颠覆之势，被法国大革命在政治领域和社会运动领域之中上演得淋漓尽致。而启蒙运动无疑是法国大革命的先导，二者所高举的旗帜是一样的，"争取自由和平等""天赋人权，主权在民"，都是对人的平等和解放所做的努力和尝试，启蒙运动是指向君权神授、君主专制和等级特权，法国大革命是新兴资产阶级反对封建专制的伟大斗争。

第一章 朗西埃美学思想的历史语境与理论来源

作为具有人类解放价值的法国大革命，将法国社会带入了现代化，从启蒙的效果来看，法国大革命是法国现代化的启蒙运动，而法国这场"现代化启蒙运动"留给世界人民最重要的遗产和财富就是对于"平等"的觉醒和追求。

1789年7月14日，法国巴黎人民攻陷了象征法国封建专制统治的巴士底狱，由此，法国资产阶级大革命爆发了，一个月后的《人权宣言》成为鼓舞法国人民反抗专制、追求平等的强大精神武器，宣言第一条明确写道："在权利面前，人们生来而且始终是自由平等的。"随后在君主立宪派统治时，"法律平等""权利平等""政治平等"是他们坚持的口号和目标。虽然他们在推翻封建制度、扫除封建特权上做出了不可低估的贡献，极力地打击了人压迫人的历史状况，但由于君主立宪派仍然是财产的富有者，所以他们坚持财产不平等，就将资产阶级与无产的广大人民群众之间划出了一道不可逾越的鸿沟，也因此，《人权宣言》也失去了效力和普遍性。矛盾再次被激起，为了更进一步的平等，1792年8月10日，巴黎人民再次武装起义推翻了君主立宪派，进入了由工商业资产阶级为代表的吉伦特派统治时期。吉伦特派一直积极宣传自由、平等、人权的进步思想，在同反封建斗争的过程中最为激进，他们的目标是建立共和国，但掌权后，却想要维持现存秩序，不顾人民群众进一步要求平等的诉求，终止了革命。

由此，法国大革命掀起了以平等为目标的一波又一波的革命进程，1793年5月31日，巴黎人民再次起义，结束了吉伦特派的统治，法国进入以中小资产阶级和广大人民群众为代表的雅各宾派民主专政时期，为了人民的平等诉求，雅各宾派采取了一系列冲击资产阶级利益的纲领，以使得贫苦人民群众获得财产的平等权，消除财富的极端悬殊和不平等。可以说雅各宾派统治时期的法国革命更平民化、更平等，这个时期法国对平等思想的理解和平等原则的实践达到了顶峰。同时，雅各宾派制定了新的《人权与公民权宣言》，与1789年的《人权宣言》相比，体现了更加平等的理想追求，宣布了社会的共同幸福目标，规定了平等、自由、安全、财产是人的自然的、不可动摇的权利，并且再次重申了"所有的人在法律面前都是生而平等"的原则。但是,雅各宾派试图建立一个人人享有财产数额趋于平等的理想社会,建立一个没有贫富差别的共和国,无疑具有空想和平均主义的色彩。

不可否认的是,法国大革命的历史功绩在于:首先,它强调理性,推翻了教皇神学和封建专制。18世纪的法国,天主教会及其封建领主拥有绝对的政治势力和特权,启蒙思想家通过科学和"理性"的力量,揭露了教会对人民的压迫和迫害,推翻了"君权神授"这一蒙蔽人民的谎言。第二,追求自由平等,反对等级特权和迫害。面对封建特权等级森严的法国现实,唤醒了人民追求自由平等的心声。第三,提出了"天赋人权""主权在民"的追求人民权利的诉求,一切权力属于人民,要符合人民的意志。而且,《人权宣言》作为序言全文载入法国历史上的第一部宪法。废除等级特权,推翻封建统治,追求人的自由平等,这是法国大革命留给世界人民和世界现代化进程的宝贵遗产。

朗西埃认为,法国大革命后的美学和艺术发生了巨大的变化。作为法国激进左翼思想家,朗西埃对法国大革命提出的平等诉求极为尊崇,他一生的理论根基和思想追求也均在于此。

(二) 对话——五月风暴运动的星星之火

如果说一百多年前的法国大革命的发生对朗西埃来说是遥远的,那么1968年发生在法国巴黎街头的"五月风暴",却成为朗西埃终生难忘的历史时刻,也成为了其学术转向和思想形成的关键事件和节点。1968年2月美国在越南的战争升级,激发了法国青年学生的愤慨,学生示威游行反对美国对越南战争,支持越南民族解放。在此过程中,学生与警察当局发生冲突,并因一学生被捕而使得矛盾持续升级至白热化状态。学生罢课占领了市政厅,警察占领了校园,6名学生被捕入狱。于是这场学生运动愈演愈烈,随后知识分子和产业工人都加入了这场运动,一个月内,五月风暴运动蔓延至全国,引发了全国工人大罢工,参加人数达到80余万。

1968年,是戴高乐统治的第十个年头,法国的工业生产较1958年增长了51%,经济飞速发展,黄金储备仅次于美国,居世界第二位。看似欣

第一章　朗西埃美学思想的历史语境与理论来源

欣向荣的一片繁荣景象，为什么发生了一场疾风暴雨般的社会运动？

大学生反抗美国对越南的战争只不过是"五月风暴"的一个导火索，而这场运动的真正原因是资本主义社会的基本矛盾和消费社会导致的欲望膨胀。一方面，20世纪六七十年代的西方资本主义国家，虽然二战后第三次科技革命和国家垄断资本主义获得巨大发展，但生产资料私有制和社会化大生产之间的矛盾并没有消除。因此，资本主义经济危机周期性爆发，法国社会的垄断巨头成为大资本家，赚取了最大利润，贫富差距日益扩大，劳资矛盾不断激化。另一方面，因科技革命和生产的扩大，西方主要资本主义国家刚刚开始进入消费社会，由资本家生产和制造出来的消费社会，激起了人们更大的消费欲望。同时，与科学技术高速发展，经济物质财富急剧增长同时存在的是，新的科技对人的创造力和能力的压抑，以及马克思所言的资本主义社会中人所遭受的异化问题在这个时代日益加剧，旧的社会规范、政治制度、教育体制对人的禁锢与经济和科技的发展不相匹配，因此人们思想上浮躁迷茫，心理上焦躁不安，人的异化愈发深重。这反映了发达资本主义社会高生产、高消费的繁华景象背后的深刻矛盾。"消费社会必须在暴力中毁灭，异化的社会应在历史中消亡，迎接一个新颖的社会！""向不合现实的秩序挑战！""五月风暴"的这些口号也足见人们要求社会进步的愿望。

尽管政府一度严重错估形势，尽管学生和工人们也群情激昂，但"五月风暴"与法国大革命相比，可以说是表面激烈实则和平的社会运动，它不是暴力的，也不算是革命的，因为经济和社会的发展已经使得人们心照不宣地维持着一种拒绝暴力和流血的共同底线，这种坚守和平的底线和其所产生的对抗等级制度、反抗精英话语霸权、追求自由平等的话语诉求才是"五月风暴"留给世界的珍贵遗产。

毫无疑问，1968年5月改变了法国，但这种影响和改变更多的是在文化和生活方面，而不只是政治方面。在随后的几十年内，法国长久以来的家长制和乡村式社会被取代，僵硬的社会关系得到了舒展，象征性的等级制度日益褪去，随之而来的"对话"与"商讨"成为法国政治的常态，实现了对政治的抗衡和分权。强制的规则变得日益淡化，个体意识得以加强。可以说,"五月风暴"的反抗改变了法国的历史风尚,人们变得更有趣味,国家变得更感性了,法国成为了一个更浪漫的国家。事实上,任何社会政治力量与社会力量的对话或者对垒都从未停歇过,而正是因为对话的存在,才避免了冲突与动荡。

而"五月风暴"更是朗西埃人生中最重要也是最难忘的一场洗礼。正是在"五月风暴"运动中,作为学生的朗西埃见证了以阿尔都塞为代表的精英话语的虚伪性、不彻底性,也正是"五月风暴"运动使得朗西埃与阿尔都塞产生了思想的冲突和决裂,作为左翼激进的代表,朗西埃认为要改变工人的贫苦状况,实现人民真正的民主、自由、平等,必须走近工人,走近平民,而不能成为精英话语的阐释者,要成为平民话语的拥护者和实践者。这场运动对朗西埃来说,奠定了他一生思想和理论研究的根基,人民、民主、平等,一直是他政治哲学的研究主题,也是其美学思想的目标和终点。

二、思想基础与逻辑起点

由"五月风暴"开始,朗西埃思想的平等维度,审美与政治的历史发展脉络,反精英主义、反权威话语模式,及其在巴黎高等师范学院学习期间深受福柯影响所形成的解构主义的谱系视角,成为朗西埃思想理论的重要来源。

(一) 西方哲学的"平等"理性

将"平等"作为一种理想的追求,是西方政治哲学、人类学研究的主要问题。西方对"平等"理性的诉求是从古希腊时就有的,并且经过启蒙思想家们的进一步弘扬,使得平等成为针对当时封建的专制制度、打破等级限制、冲破等级束缚的力量。这一点在朗西埃的哲学美学思想中也是贯穿始终的。而对于马克思共产主义理想社会平等的追求,也成为朗西埃政治学和美学的一个目标。可以说,朗西埃的哲学美学思想的基础都是关于平等的,他的平等理念可以说是西方哲学"平等"理性的集合。

第一章 朗西埃美学思想的历史语境与理论来源

在什么方面平等与不平等，是亚里士多德政治哲学的核心问题，也是西方政治哲学、人类学孜孜以求的一个问题。其实早在柏拉图《理想国》的第五卷中就探讨了"平等"的问题，他以"男女平等"问题的探讨开始。从苏格拉底与格劳孔辩论男女的本性的差异中，柏拉图认为，男人和女人在本性上没有区别，只是体质不同而已。柏拉图这一论述可以看作是人类探讨平等问题的开端。

随后，"平等"成为亚里士多德《政治学》和《尼各马可伦理学》的一个主要问题。亚里士多德在《政治学》和《尼各马可伦理学》中主要探讨了两个问题，一个是"正义"，一个是"幸福"和"平等"。亚里士多德认为，人无处不在追求愉悦、财富和荣誉，这些目标都具有一定的价值，但人所应该追求的更重要的首要的价值就是"善"，而幸福就是"善"的代名词，"幸福就是灵魂按照美德或德性活动"。政治上的美德或德性，或者说政治上的善就是"正义"，也就是"平等"。而"友爱"是连接个人与城邦、政治与伦理的纽带。亚里士多德认为"友爱"是让人愉悦的德性，是在社会生活之中，可以让人亲密的情感关系和互利公正的交往关系，是一种实践性的智慧和普遍性能量。而且，亚里士多德认为，友爱的本性就是平等，"友爱就是平等"①。《尼各马可伦理学》中，亚里士多德还进一步说友爱有平等的和不平等的，"平等的友爱"就是友爱中双方的地位是对等的，不存在一方对另一方的优越，"必须在爱或其他事情上平等"②；"不平等的友爱"中友爱的双方的地位和身份是不平等的，一方对另一方优越，比如父母和子女，统治者和被统治者。但亚里士多德说，这种不平等的友爱"必须按照优越的程度以成比例的回报，使之平等化"③。也就是公民在城邦之中要平等地友爱。

---

① [古希腊]亚里士多德：《尼各马可伦理学》，廖申白译，北京：商务印书馆2003年版，第238页。

② [古希腊]亚里士多德：《尼各马可伦理学》，廖申白译，北京：商务印书馆2003年版，第257页。

③ [古希腊]亚里士多德：《尼各马可伦理学》，廖申白译，北京：商务印书馆2003年版，第138页。

西方哲学中"平等"思想在近代启蒙时期获得了集中的发展。17、18世纪的封建欧洲国家,即便通过文艺复兴、宗教改革打破了神权的藩篱和精神统治,但却面临着专制独裁、王权至上、等级森严、人民困苦这样现实的、人对人的压制,"君权神授""朕即国家"这样的蒙昧主义盛行,国王代表着神的旨意,封建贵族和腐败的官僚体制,残酷压榨人民,为此,具有启蒙精神的思想家们大都深刻地揭露了封建君主专制的本质,他们著书立说,批判专制和封建神权的愚昧,企图用理性之光驱散黑暗,呼吁自由、平等、民主,倡导人的自由和解放,把人引向光明。

卢梭在他的《论人类不平等的起源和基础》《社会契约论》中大量地阐释了关于人类自由平等的思想,这也使得卢梭成为了后来法国大革命的理论导师,成为封建制度底层人民权利平等的倡导者和呼吁者。卢梭从自由、平等、天赋人权等思想出发,阐述了社会契约和人民主权平等的重要价值,他最著名的名言"人是生而自由的,可是现在他却处处戴着镣铐"成为传唱几个世纪的佳话。卢梭一直致力于证明,人生来就是平等的,这是自然赋予人的权利和天性,自由和平等是人的自然属性,也是人类社会生活的终极目标,但却被长期淹没在了旧制度的等级森严的社会属性之中。在《社会契约论》中,卢梭认为:"至于平等,这个名词绝不是指权力与财富的程度应当绝对相等;而是说,就权力而言,则它应该不能成为任何暴力并且只有凭职位与法律才能加以行使;就财富而言,则没有一个公民可以富得足以购买另一人,也没有一个公民穷得不得不出卖自身。"①可以说,卢梭这里指向的就是因特权固定的社会阶层之间的不平等,就是贵族和奴隶之间的不平等,他企图攻击的就是因出身和世袭的因素造成的种族和宗族的差异。

伏尔泰是法国资产阶级启蒙运动的重要代表,他也积极倡导天赋人权,认为人天生就是自由和平等的,一切人都有追求生存和幸福的权利,是不能被剥夺的;作为启蒙运动中《百科全书》的主要撰写者,狄德罗也

---

① [法]卢梭:《社会契约论》,何兆武译,北京:商务印书馆1990年版,第69—70页。

同样坚持人的平等诉求，认为国家起源于社会契约，君主的权力应该来自于人民协议，专制政体终将会因其不适合人性而被更适合人性的政体所替代，要建立能够实现人的自由和平等的更人性的政体；同样具有启蒙精神的康德极大地唤醒了"人"，强调人的重要性，强调启蒙运动的核心就是人应该自己独立思考，理性判断，自由和平等是人生来的权利，"人是万物的尺度"。

同样为法国大革命进行辩护的哲学家费希特以理性和平等的名义捍卫法国大革命的政治原则，将其视为"对于全人类都是重要的"一场具有人类解放意义的重大事件，并评价法国大革命"是一幅关于人的权利和人的价值这个伟大课题的瑰丽画卷"。他将康德的理论理性与实践理性合一形成了绝对"自我"的概念，这个绝对"自我"就是启蒙理性法则的运用，他从绝对"自我"的标准论证了人有追求自由平等、推翻封建专制统治和压迫的权利。费希特从卢梭的契约精神出发，从而提出了"市民社会决定国家"的理论。

法国19世纪哲学家皮埃尔·勒鲁曾在《论平等》（1838年）中基于人性论的分析法提出了关于平等的理论，肯定了法国大革命提出的自由、平等、博爱的口号。认为自由是人的生存权利，博爱是人的本性所充满的感情，平等是使得自由和博爱可能的基础和原则，平等是社会的前提和政治基础，提出应该把平等作为一种基本的信条和理想。

马克思在建构人类解放的宏大事业时，也将"平等"作为其终极的理想追求。他认为资产阶级的平等观与无产阶级的平等观具有本质上的区别，通过批判启蒙资产阶级的平等观马克思提出了无产阶级的平等观。"在考察历史运动时，如果把统治阶级的思想和统治阶级本身分割开来，那就可以这样说：……在资产阶级统治时期占统治地位的则是自由、平等，等等概念。"① 因此，他提出无产阶级的平等观就是要消灭阶级，消灭剥削，进入"按需分配"的、真正平等的共产主义社会。可以说，实现人

---

① 《马克思恩格斯选集》（第1卷），北京：人民出版社1972年版，第99—100页。

类的解放是马克思的毕生追求,马克思为人类设计的共产主义社会就是一个真正平等的社会,"真正的自由和真正的平等只有在共产主义制度下才可能实现"①。

(二) 审美与政治的契合

审美与政治的关系问题,一直是西方哲学和美学所关注的问题,尤其伴随着现代性的进程和脚步,政治美学日渐成为一种显学。对政治与美学的关系、美学的政治功效的研究,其实是从近代就开始的,对两者的关注和关联,不只是基于近代认识论思维传统,更是基于近代以来对于人的认识的不断深化,尤其是具有人道主义情怀的马克思主义者、西方马克思主义对于西方资本主义社会的批判,以及寻求人类解放的终极目标,都没离开审美与政治的关系。

18 世纪以后,随着欧洲工业革命以及相关学科的形成和发展,基于近代欧洲认识论传统,在吸收了莱布尼茨和沃尔夫理性哲学思维方式的前提下,德国美学家鲍姆嘉通用"aesthetic"来命名关于感性认识的科学,以区别于对"知"的心意功能研究的逻辑学和对"意志和道德"心意功能研究的伦理学,以此确立对于情感研究的"感性认识"的科学,以使得对作为"感性的认识"的人的情感能力和感觉范畴有了独立的研究学科。鲍姆嘉通在自己的哲学体系之中,第一次把美学和逻辑学区分开了,认为人的"感性认识的完善就是美",使得西方形成了专门的研究人的情感的心意功能的学科,这是对人的认识能力研究的进一步深化,更是对于人的"感性"认识能力的重视和高扬。

沿着鲍姆嘉通的路线,关于对"感性的认识"研究的不断深化和深入。康德在《判断力批判》中试图寻求弥补《纯粹理性批判》和《实践理性批判》中认识与道德世界的鸿沟,认为自由的道德律令要在感性的现实世界实现出来,实现的中介就是既带有知性性质又带有理性性质的反思

---

① 《马克思恩格斯全集》(第 46 卷),北京:人民出版社 1979 年版,第 104 页。

第一章 朗西埃美学思想的历史语境与理论来源

判断力,而这样的反思判断力就是按照"合目的性"来沟通认识与道德的,以求实现自然界的必然王国与道德界的自由王国的和谐。如此,审美成为连接认识和道德的桥梁,这也是具有政治意味的,阿伦特就曾将康德的《判断力批判》理解为康德未写完的政治哲学著作。

在经历了法国大革命的洗礼和折磨之后,席勒一头扎进了康德哲学,并且在其中找到了共鸣。席勒用了20年的时间研究康德思想,并形成了传世经典之作《审美教育书简》,其中的美学命题是对康德各项原则的继承,并且有了一个新的目标,那就是政治的维度。历经法国大革命的振奋与失望,席勒相信,只有具备自由人性的个体才能给整个社会带来和谐,只有人性的自由才能建立政治的自由。将审美视为克服人的分裂、社会不自由不和谐的手段,认为只有在审美活动之中,才能实现人的感性与理性、肉体与精神的和谐统一,在游戏的自由之中才能恢复人的自由本性,也就是只有在审美的王国之中,才能建构起自由、平等、和谐的社会,所以,席勒发现了审美与政治完美结合的一个关键点,并成为西方思想史上,首先把审美与理想社会的构建联系起来的哲学家。审美国家既是席勒为人的审美生存开辟的世外乐土,又是其崇高政治理想的产物。

随后,最初的马克思主义创始人们,都从席勒的审美王国中,看到了理想社会的希望。虽然马克思更注重经济手段,但他不但肯定了艺术和审美在理想的社会建构中将会发生的作用和效果,而且还直接将美学维度运用到他的人学建构之中,马克思以实践和人的劳动的感性维度,实现了人—社会—自然和谐统一的道路。"感觉的创造"代表了马克思对"感性与理性统一"问题的一种美学维度,实践、劳动都是基于人的感性身体而言的,实践维度或者说实践理性也就是一种感性智慧。马克思在《1844年经济学哲学手稿》中继承费尔巴哈自然主义人性论的感性维度,发现了传统理性主义、形而上学对感性的遮蔽,认为资本主义私有制对人造成的异化的根源就在于人的感性的劳动异化为商品,从而将人和人的感性劳动本身淹没。马克思在对资本主义现实进行批判时,将"在自由联合体中每个人的全面发展"当作了人性的更高存在与真理,认为人获得解放的途径首先就是劳动的解放,而劳动的解放,实质上就是人的感性的解放,因为,人是按照内在的感性尺度也就是美的尺度建造和生产的。马克思在社会现实的实践层面上,反思人的异化,并企图通过美的建构,重塑人性之美的本质,社会秩序之美的王国。

马克思主义政治理论是关于人的自由解放的学说,是积极关怀感性现实的实践科学理论,虽然审美没有成为马克思的直接手段,但其理论彰显的审美情怀,是能够引导无产阶级为之理想不懈奋斗的精神支柱,在那个按需分配、没有剥削、没有异化的共产主义世界,其实就是一个审美的王国。但在马克思离世后的这一个多世纪之中,马克思所批判的资本主义现实依然存在,人的异化更加深入,从物质的到精神的,从显性的到隐性的,从权力的到微观的,从总体的到多元的,从正面的到文化的。20世纪,人依然生活在深沉的异化之中。因此,20世纪的西方马克思主义者们,延续马克思的审美构想和批判思路,更是把美学提高到了无以复加的地位,甚至将美学的手段作为对西方资本主义本质批判的主要手段,将美学领域作为批判的主要战场。美学、文化、艺术成为当代西方马克思主义理论家关注的焦点。

卢卡奇认为,美学能够缝合资本主义劳动分工造成的人的分裂,克服物化,实现人的完整性;阿多诺认为,"文化工业"社会所带给大众的精神文化产品,目的并不是给人真正的审美享受,而是资本主义蒙蔽大众的一种欺骗手段,制造了对资本主义现实的认同;马尔库塞在《审美之维》中认为,艺术的自律使得艺术本该具有与资本主义意识形态对抗的力量,具有否定和对抗现存社会的力量,他从建构"新感性"的主体出发,企图倾覆占统治地位的意识及普遍经验,从而促进完整的人的再生。认为艺术具有改造世界和人性解放的力量,美学具有批判"单向度的社会"的能力;詹姆逊认为,在晚期资本主义社会之中,艺术和美已经成为商品生产和消费逻辑的牺牲品,这时候政治变革就更不能失去美学维度,在他的《政治无意识》(1981年)中将文学视为"社会象征行为",认为文学本身就是意识形态,是政治无意识的表现,因此,他高举审美旗帜,通过"认知测绘美学"揭露了资本对世界统治的实质;汉娜·阿伦特继承和运用了康德判断力判断所具有的共通感价值,认为审美共通感在社会共同体构建

第一章　朗西埃美学思想的历史语境与理论来源

中有着重要作用，政治审美化是建立政治认同的有效手段；伊格尔顿的文化批判理论，将文学和文化视为意识形态的生产，认为审美活动能够改变身体的欲望、情感和习惯，使之服从或拒斥意识形态。

不难看出，政治美学维度是西方美学尤其是现当代西方美学发展的一个重要维度。不再只是单纯地研究感性认识的感性学，更主要关注审美领域的政治问题，或者从政治的视角切入美学的问题，也就是研究政治的审美化或审美的政治化。既包括形而上层面的政治治理中的审美价值的设计，又包括现实层面的文学、艺术、文化实践中审美实践的政治效果。

从最广泛的意义上来说，政治就是人们为制定、维持和修改社会规则而进行的活动，政治的根本目标就是通过治理的手段，实现社会的和谐与秩序，使人能获得更美好的生活，如亚里士多德所言，城邦也就是政治共同体，"城邦这种共同体的形成仅仅是为了满足生活需要的缘故，而它的存在则能够使人们生活得更美好。"① 人们获得美好的生活之中必然包含美的维度。

时代的车轮走进了当代，马克思在一百多年、马尔库塞在五六十年前所描述的那个异化的社会现状，是否有所改变呢？在当前全球一体化时代，随着全球科学技术的进步、经济的飞速发展、文化多元化程度的加深，人类完全被裹挟于科学和技术、资本和消费、权力和控制之中。科学技术重塑了我们的世界，改变了人的生活方式和行为方式，也必然改变了人的思维方式。计算机从重达30吨的庞然大物，到现如今的只有一个手掌大小，从互联网到移动互联，从wifi的普及和物联网的发展，从克隆技术到AI人工智能，从全世界范围内的摩天大楼到全球高速铁路线路……世界经济的一体化，物质文明的空前发展和繁荣，是否真正地带来了人的精神的富足和满足？尽管，博物馆、艺术馆、图书馆、音乐厅、电影院已经成为普及的大众文化娱乐消遣的去所；尽管，日益富有精神文化样态的日常生活日渐审美化，人们的居家、生活、饮食都在美学化、审美化，但人们

---

① ［古希腊］亚里士多德：《政治学》，高书文译，北京：中国社会科学出版社2009年版，第5页。

的精神和心灵也如这个世界一样完满和美好吗？在世界科技进步物质财富剧增的背后，是贫富差距的扩大化，世界上最富有的几十个人，就掌握着世界的一半财富；资本杠杆操纵着股市的大盘；高楼大厦、商品的琳琅满目背后伴随的是生态环境的恶化；现代通信的发达却使得人情日益冷漠。西方资本主义社会因资本而衍生出来的资本逻辑、消费逻辑依然是这个世界不平等的根源，因此，从审美角度对西方资本主义社会进行美学批判，从中开辟出政治解放的出路，依然是当代政治美学的一个重大课题，对于突破自由资本主义市场经济的藩篱，在资本全球化浪潮中，让人们过上真正的好生活，这是当代有责任的西方政治美学家们的夙愿。

可以说，西方左翼激进思想家的批判立场是分析和批判资本主义的锐利武器。从 20 世纪 90 年代以来，朗西埃与巴迪欧、齐泽克、阿甘本一起建构了一种全新的资本主义批判尺度和另类先锋话语。

巴迪欧是朗西埃的同窗，两人都曾师从阿尔都塞，而且是阿尔都塞学生中目前影响非常大的思想家。巴迪欧倡导一种"非美学"，重新考察和审视了艺术与哲学、艺术与真理的关系。他认为，艺术是真理的生产者，真理是内在于艺术的，艺术的真理具有独特性。艺术生产真理的原因在于，真理只有通过与支持它的秩序决裂才得以构建，他将这种开启真理的决裂称为"事件"。而他认为"事件"的发生只能在艺术、科学、爱和政治四个领域产生。面对全球资本主义社会中的金钱和资本的权力，艺术应该避免成其附庸，避免成为"帝国艺术"，成为资本主义全球化的商品和政治同化，因此，艺术要在各种"事件"中保有真实，创造一种突破资本主义重围的可能性的未来。由此可见，艺术在其中担当的分量所在。

齐泽克将多元文化主义（multiculturalism）作为全球资本主义意识形态的补充物，他认为"包括酷儿理论、女性主义等多元文化主义，都是建立在多元主体形态基础上的身份认同政治，是彻底重塑了我们的整个政治与文化景观"①，他认为，这样的多元文化形态的政治效能有待重新考察，"我倾向认为，在持续往'后政治'包容式多元文化主义体制转变的过程

---

① Slavoj Žižek, *The Parallax View*, Cambridge: MIT press, 2006, p. 361.

第一章 朗西埃美学思想的历史语境与理论来源

中,当今的资本主义体系能够淡化处理酷儿的要求,将之视为一种特定的'生活方式'而加以吸纳"①。齐泽克认为西方当前的政治越来越成为直接的"痛快"的政治,这种"痛快"政治将使主体不断地掩盖在全球资本主义的浪潮和本质之下。

阿甘本关注到现代艺术的断裂与危机,他通过对广告、电影、摄影等领域的研究,形成了独具特色的"姿势理论"或称之为"姿势论转向"(gestural turn),是与伦理、政治、美学密不可分的理论批判武器。他从三个层面来探讨当代全球化资本主义时代中"姿势"的丧失。首先是人类"主体姿势"的丧失,即生命主体性的丧失。西方资本主义工业文明带来的物质富足,却使得人沦为技术的工具,成为机器操纵下麻木的生产个体,主体的姿势沦为技术的附庸。即便西方高度宣扬的民主自由政治,其实也是将人的生命和主体纳入新的管治的共识之中,人成为了新的被压制的对象;第二就是人类的"精神姿势"消逝的重要表现是电影等艺术作品灵韵的消失。如同本雅明在《机械复制时代的艺术作品》中所说的,机械复制的艺术的手段,使得艺术的崇拜价值逐渐转换为展览价值,在艺术的复制中,艺术的灵韵逐渐消逝。阿甘本同样认为基于传统的艺术灵韵所表现出的人的精神的姿势,在现代不断地衰落,胶片定格的艺术片断使得神圣感荡然无存;第三就是自然"语言姿势"的遗忘,就是对人类语言经验的剥夺。阿甘本认为人类在最原始时建立的自然的"语言姿势",在现代的符号世界、图像世界被遗忘和消逝了,语言的意义及其天然的、完整的自然语言的联系已经丢失。可以说,阿甘本的"姿势"理论描绘就是其深切的生命的政治理论,是思考现代人的解救的一种途径和思路。

与朗西埃同时期的巴迪欧、齐泽克、阿甘本等都没能脱离资本主义全球化的社会历史背景,因此,审美与政治的关系,自然也是他们共同的考察范围和对象,虽然置身于后现代主义的大潮之中,但他们都没能按照后结构主义的理论逻辑解构马克思主义,相反,他们在被后现代主义思潮解

---

① [斯洛文尼亚] 斯拉沃热·齐泽克:《神经质主体》,万毓泽译,台北:台湾桂冠图书股份有限公司2004年版,第320页。

构的一片哲学废墟之中，重建了西方哲学、政治和美学的关系，尤其从美学的视角，重新发展了马克思主义。

（三）反精英化的平民思想

自柏拉图在《理想国》中将"哲学王"认为是理想国中的第一等人开始，西方的精英主义思维模式就古已有之。《理想国》从讨论"个人正义"开始，继而提出"城邦的正义"，而一个符合善的正义的理想城邦就是要由特定的人员构成，正义就是要在国家中做正当的事。但柏拉图认为城邦国家是由具有欲望的体力劳动者、具有意志的护卫者阶级、具有理智的统治者阶级所组成的，这三个等级是有严格的分工和地位划分的，如此才能保证国家城邦的和谐。因此，柏拉图赋予城邦之善，高于人之善。为了维护理想城邦的和谐完善，柏拉图描绘了理想城邦的人员构成，将"哲学王"作为城邦命运的掌权者，而其他那些在他看来被神掺入了铜和铁的人，就是城邦的底层人民，他说"神对某些人掺入了金，对某些人掺入了银，对日后做工农的人们掺入了铜铁"①。柏拉图认为这些掺入"金"的人，相对于掺了"铜"和"铁"的底层人民来说，就是一种典型的精英思维模式，就是对人的天赋和构成进行了一种人为划分的方式，他还说"铜铁当道，国破家亡"，这种将理性至上的精英思维，典型地存在于西方传统哲学的思维之中。朗西埃对此是拒斥的，他在论述工人和诗人的区别时曾说过："工人和诗人的区别类似真实黄金与象征黄金的区别。然而，马拉美表现出了一个根本的差异：对他来说，没有人在自己的灵魂的构成中预先接收了神分发的金或铁。"②

中世纪的马基雅维利在《君主论》中对于统治者的权力和统治技巧的说明过程中，精英主义倾向极其明显。但西方系统而有影响的精英主义是

---

① ［古希腊］柏拉图：《理想国》，郭斌和、张竹明译，北京：商务印书馆2002年版，第28页。

② ［法］雅克·朗西埃：《马拉美：塞壬的政治》，曹丹红译，开封：河南大学出版社2017年版，第85页。

第一章 朗西埃美学思想的历史语境与理论来源

从 19 世纪末开始形成,并在 20 世纪六七十年代达到顶峰。早期精英主义的主要代表有意大利社会学家 G. 莫斯卡(代表作《统治阶级》)、V. 帕累托(代表作《思想与社会》),以及瑞士籍德国社会学家 R. 米歇尔(代表作《政党论》),早期精英主义者们在研究社会文明与精英知识分子之间的关系过程中,过于强调人的先天因素,常带有一种贵族倾向,把身份、地位、财产作为衡量精英的标准反映了西方思想界对大众民主兴起的保守态度,试图以精英主义对抗大众民主。20 世纪 50 年代后,随着行为主义政治学的兴起,当代精英理论在美国获得了发展,代表人物有 H. D. 拉斯韦尔和 C. W. 米尔斯,当代精英思想家们也强调精英在社会发展中的作用,更注重政治精英统治的意义和价值。但都是将"精英"与"民众"相对而言的,因此,"精英"与"民众"成为了两种政治和两种态度的代名词。以大众的视角来说,精英主义常常以一种蔑视、嘲笑的态度将大众视为无知、盲目的群体。但精英主义蔑视普通大众,宣扬个人主义的英雄史观,可以暴露出其潜藏的反民主的思想,其理论缺陷亦毋庸置疑。

与此同时的 20 世纪的法国思想史上,也发生了最为戏剧性的一场思想交锋,对阵的双方是以萨特和梅洛-庞蒂等为代表的存在主义的现象学与以阿尔都塞等为代表的结构主义的理性哲学。这场思想交锋的结果,是使得朗西埃走出了原本的精英主义群体,发现和找到了平民化的"人民"。

以萨特为代表的左派知识分子积极介入社会政治生活的情形,在 60 年代语言学、人类学、文学等领域盛行的结构主义之中遭到了革命式的冲击。1961 年春,萨特为了庆祝《辩证理性批判》第一卷的出版应邀到巴黎高等师范学院做讲座,但那场讲座成为了法国存在主义和现象学在逻辑上终结的标志。那时,年仅 21 岁的朗西埃,刚刚来到法国巴黎高等师范学院,正好见证了这场理论的交锋,因此,朗西埃曾回忆道:"对我来说,这场演讲标志着对萨特的一种'去幻象(disillusionment)'。"

1962 年,列维·斯特劳斯发表《野蛮人的心灵》抨击存在主义大师萨特的《辩证理性批判》,引起了强烈反响。这一事件标志着萨特时代的结束,伴随着萨特时代的结束,阿尔都塞登上了法国哲学的历史舞台,也由此开启了结构主义的盛行时代。作为法国巴黎高等师范学院哲学系的一名教师兼法国共产党员中的知识分子，阿尔都塞作为结构主义的马克思主义者以其"保卫马克思""回到马克思"思想吸引了一大批学生走进马克思，加入法共。在结构主义和马克思主义之间，阿尔都塞建构了一套自己的主体哲学，一套基于"问题"的"断裂"式的、倡导"征候阅读法"的认识发展图景。

萨特的主体实践哲学和人本主义的马克思主义是阿尔都塞所激烈批判的对象，阿尔都塞并没有和萨特一样走向街头去体验主体政治实践的快感，他认为萨特的实践主体和存在主义哲学本质上还是一种与费尔巴哈一样的人道主义哲学，只是表面上终结了黑格尔思辨的探讨，面向实践和具体，但却复活了马克思扬弃的费尔巴哈人本学，并具体化为一种实践性的改变世界的感性力量和审美价值。但在"五月风暴"后这却是法国左派理论重新回归的重要命题，也是朗西埃批判阿尔都塞的理论起点。朗西埃对阿尔都塞的反叛，意味着他对以理性哲学为代表的传统逻各斯中心主义的反叛。他于1975年创办了《逻辑的反抗》杂志，直接指向对抽象的逻辑的批判。朗西埃认为阿尔都塞所建构的理性哲学的抽象的逻辑概念，并不能够解决在"五月风暴"之中学生和工人的现实诉求，并不能够真正地触动资产阶级的统治，相反还阻碍了人的感性之维和平等诉求，是一种不顾人的现实生活构序的隐性理论"强暴"。由此，朗西埃走上了一条与阿尔都塞贵族式的理性思辨哲学相反的人民化的、感性的、现实之路。朗西埃突破西方社会长期以来的精英思维所造成的"底层社会"与精英阶层的分离，认为底层人民是被遮蔽及忽视的另一个世界。他从对精英主义的批判之中，着眼于底层社会，底层人民的政治、经济和文化的结构，深入了底层人民群众的日常生活的细节和事件，倾听劳动者的真实声音，走向劳动者真实的生命。所以，在"五月风暴"之后很长一段时期，朗西埃埋头于工人档案的研究，企图从中发现解放工人的力量，也使得他重视并站到了平民的一边。

（四）解构主义的谱系视角

结构主义取代存在主义，后结构主义或者说解构主义取代结构主义，

第一章　朗西埃美学思想的历史语境与理论来源

是现代法国思想史上最重要的两次思想变革。20世纪60年代，结构主义在法国兴盛，并向各人文学科发起了进攻。正当结构主义盛行的大好形势之下，1967年德里达发表的《论文字学》《写作与差异》《声音与现象》直接针对结构主义，开创了后结构主义转向。后结构主义的主要任务就是解构，企图消解、分解、瓦解西方自柏拉图以来的传统的理性主义建构模式以及结构主义的"宏大叙事"，从福柯、德里达、鲍德里亚、德勒兹等开启的这场解构风暴，朗西埃正好经历其中。

德里达以结构主义的宣战为突破口，横扫古希腊哲学传统。他在《论文字学》中批判索绪尔、列维·施特劳斯、卢梭，在《播撒》中针对柏拉图，在《绘画中的真理》中批判康德，在《哲学的边缘》中解构黑格尔、胡塞尔、海德格尔，在《马刺》中针对尼采，在《写作的差异》中针对弗洛伊德，在《声音与现象》中针对胡塞尔。德里达认为结构主义与西方整个哲学传统都是要寻求整体—结构—中心—本质，而西方哲学从巴门尼德的"存在"开始，到柏拉图的"理念"、中世纪奥古斯丁的"上帝"、近代笛卡尔的"我思"、启蒙哲学的"理性"，西方哲学这条逻各斯中心主义的路线，就是要阐明"在场"（presence）之物要如何联系到决定它在场的"存在"（being）。德里达却要证明，"在场"就是我们能够看见和感受的，"在场"之物不需要与"不在场"的东西相关，因此德里达从对索绪尔的语言学的批判入手，通过语言和文本的分析，对各种文本的语言进行解构，并用"分延"来解释，他认为"分延"就是对本质、"不在场"这样的整体的、结构的、中心的、本原的消解。

如果说，德里达是从文本入手，那么福柯对结构主义的解构则是从历史入手，通过考古学和谱系学，解构历史整体性的法则。与朗西埃一样，福柯也经历了"五月风暴"的洗礼，而且福柯在"五月风暴"时站在了学生这一边，并且其理论也因"五月风暴"发生了转向。因此，福柯与朗西埃有了共同的思想面向。朗西埃对福柯的继承是显而易见的，朗西埃在很多著作和场合中多次提到福柯，而且他还直接说过，自己受福柯的影响很深。解构主体，颠覆认知的层级模式是福柯的谱系学的本质特点，这一点也被朗西埃在他的理论中无所不用其极。

福柯的谱系学就是"使那些局部的、不连、被贬低的、不合法的知识运转起来,来反对整体理论的法庭"①。谱系学是要消除总体性的制度话语,寻找偶然、意外事件、不确定,就是要摧毁不朽、静止和统一,挖掘和重视异质性。福柯的谱系学视角是继承尼采而来的。尼采对"起源、出身、出现、来源、诞生"等多重含义的阐释:"我们对于事物的起源的洞见越多,这些事物呈现给我们的意义也就越少。另一方面,那些离我们最近的事物,那些就在我们身边和我们内部的事物,却慢慢在我们眼前展现出了早期人类所梦想不到的色彩、美、不可思议和丰富意义。"② 福柯在此基础上更进一步说:"历史并不是哲学的奴婢,也不应描述真理和价值的必然起源。"③ 尼采和福柯从描述"起源"开始,实际上却是要反抗"起源"。尼采认为"起源"并不如传统历史学家认为的那样珍贵,相反,尼采认为"起源"是历史的开端,"起源"是卑微的,没必要那么执着于追求所谓的"起源"和本质,对事物的"起源"和本质的探讨意味着任何事物都有具体的、内化于事物之中的同一性的东西,是永恒不变的。对本质的拒绝和否定,正是尼采和福柯谱系学所做的重大工作。谱系学坚持事物的背后并没有什么先验的本质的支撑,历史学就要破除形而上学的本质迷雾,反对历史的、永恒的、唯一的、本质的、系统的、逻辑的。甚至于,尼采认为逻辑也是从非逻辑中产生,寻找事物相同的原则即本质原则,就是将本来不同的相似误认为相同,忽视了非逻辑的,寻求了逻辑性的统一。

正是基于谱系学的视角和方法论,福柯探讨了西方资本主义社会对人的微观权力控制。在《规训与惩罚》中,福柯试图阐明的就是现代社会面对的问题,启蒙现代性中工具理性造成的更深的异化问题。福柯认为从古

---

① [法]米歇尔·福柯:《必须保卫社会》,钱翰译,上海:上海人民出版社1999年版,第8页。

② [德]弗里德里希·威廉·尼采:《曙光》,田立年译,南宁:漓江出版社2000年版,第33页。

③ 杜小真:《福柯集》,上海:上海远东出版社2004年版,第159页。

代世界到现代社会，社会好像表面上看更文明了，对人的压制似乎已经不在了，但实际不然。现代社会对人的控制和压制更隐蔽、更隐性了，前现代社会的酷刑式的惩罚转向了对人的更复杂的微观权力的控制，现代工具理性对人的规训和权力控制依然是现代资本主义社会深层异化的主要原因。在《规训与惩罚》一书中，福柯阐述了现代资本主义社会不同于封建社会使用的酷刑和暴政，而是通过规训人民的手段，对人进行微观的不可见的控制，西方资本主义社会用"民主""人道""自由""博爱"等冠冕堂皇的词汇来粉饰实际的隐性的"暴力"，事实上并没有取消对人的控制，只是这种控制更加隐蔽，而且更加深入了，使得人民蒙蔽其中却不自知。因此，福柯开创了自己的生命政治哲学，朗西埃的哲学和美学思想也是在此基础上展开的。

第二节　朗西埃美学思想的感性理论谱系

朗西埃美学思想的核心就是从"感性"入手的。朗西埃回归到"感性"一词拉丁文和希腊文的本源之义，来探讨"感性""感觉"所具有的美学价值。从古希腊开始，人类就有着丰富的感性世界和艺术活动，"感性"也是古希腊自然哲学家探讨世界本原的起点，但随着西方哲学对"存在""理念""上帝""神""逻各斯""理性""科学""技术"的不断尊崇和追寻，"感性"曾一度被压抑、埋没，甚至遭遇被否定的命运。但随着人类文明进程的日益进步和启蒙理性面临的危机，从近代认识论对人的感性认识能力的探讨开始以及鲍姆嘉通创建作为"感性学"的美学学科开始，随后的康德、黑格尔、席勒、马克思、马尔库塞等现代哲学家们再一次返回并重视了"感性"的沟通和协调价值，以至于成为席勒、马克思、马尔库塞等试图解决人的异化和社会问题的手段。将感性的、审美化的生存作为一种社会理想图式的尝试，在西方马克思主义者中延续，他们企图从感性的审美视角来寻求对现代资本主义社会反思和批判的力量，以求从感性的维度探索人的真正的解放。可以说，朗西埃也正是在这一尝试过程中选择和使用了"感性"的概念。

一、感性的遮蔽：淹没在理性和神性世界之中

西方哲学史上，自古希腊就存在着忽视感性、淡化感性、压抑感性现象。"感性"一词的希腊文为"Aisthesie"，自巴门尼德提出超感性的"存在"、柏拉图将"理念"视为最高的存在，"感性"一直处于被压抑的状态。笛卡尔"我思故我在"赋予了纯粹思维以主体内在性。由其开启的唯理论占绝对统治地位的时代，感性及其知觉中的想象力、生命力、感知力等因其与理性的认识目标相反而遭到了不公正的待遇。与理性相比，感性最多只能作为理性的素材而被整理、总结、升华，感性一直是理性的从属者，在西方现代之前理性哲学占统治地位的时代，现实的感性被淹没在抽象的理性和绝对的神性世界之中。

古希腊有着丰富的感性生活和艺术创造，但哲学家们却一直认为感性是不可靠的，将感性驱逐出哲学的王国。古希腊早期的自然哲学家们，最初都是通过感性经验去探求宇宙的起源和始基，如泰勒斯、阿那克西曼德、阿那克西米尼、德莫克利特等就分别将"水""气""火"等感性物质看作是世界存在的始基。直到巴门尼德提出的超感性的"存在"之后，感性就被拒斥在了通往"存在"的真理之路上，之后一直被古希腊哲学直至中世纪神学所排斥在哲学和真理之外。他们轻视感官，认为感官所产生的都是欺骗和谎言，是思维认识的对象，真理必定都在现象背后，努斯、逻各斯成为了西方近代哲学之前最重要的范畴。柏拉图将"理念"世界视为绝对的真、善、美，而现实世界只是对理念世界的模仿，现实的感性事物因"分有"了理念而成为存在者。并且理念是唯一真实的存在，现实世界是虚假的，是理念世界的模仿者，是与真理世界隔了两层的虚幻的、不真实的世界，对理念世界的认识只能靠理性而不能靠感觉。由此，柏拉图更将艺术贬为"摹仿的摹仿""影像的影像"，主张将诗人驱逐出理想国。从古希腊到黑格尔的传统哲学之中，将人的本质也归结为理性，以至于人

的感性被遮蔽、贬低、排除掉了,"代表人类向前迈出了巨大的和必要的一步,但同时又是一种损失,因为人的存在的原始整体性因此也就被分割了,或者至少被推进背景里去了"①。人的天然的、现实的感性被排除在人的本质之外,以至于使得对人的界定和认识,长期被理性逻辑所掌控,所以如卡西尔所说,"即使我们成功地收集并联结了一切材料,我们所能得到的仍然不过是关于人类本性的一幅非常残缺不全的图画,一具无头断肢的躯干而已"②。

从希腊化时代到罗马时代,再到中世纪神学时期,感性由漠视、淡化到最终被压抑,人的感性生命在中世纪神学的上帝面前是卑微的,甚至是不值一提的。中世纪神学家奥古斯丁继承了柏拉图的"灵魂不死"说,将古希腊理性哲学与基督教信仰结合起来,认为人的感性是低级的、罪恶的,灵魂是不死的,人的灵魂由于远离了感性欲望,才能最大限度地接近上帝,与神共在。上帝是绝对的、理念的、完满的存在,现实的、感性的、肉体的人都是罪恶,只有上帝才能够拯救世人。因此,中世纪神学所做的就是将人从肉体的恶中解放出来,使人接近神,获得完善。

由上可以看出,在古希腊至中世纪,把理性、逻各斯当做世界的真理,使得包括人的生命在内的、鲜活的人的精神世界和感性的现实生活,被理性的逻各斯所裁断、割裂。将本来纷繁丰富的、缤纷美丽的现实世界和人经过理性的逻辑所过滤、抽象成为一个单一的、生硬的、抽象的、干瘪的理性世界。如同黑格尔所说柏拉图的"理念世界是一片阴影的王国"。阴影就是无色的形式,是去除了色彩和丰富性的单一的形式。但从人的实践层面来讲,理性逻辑并不能更好、更全面地解决我们的伦理道德问题、情感问题、信仰问题、尊严问题、价值问题等等的实践维度。理性的逻各斯原则将世界绝对化、统一化,从而排斥了众多存在者的多样性、差异

---

① [美]威廉·巴雷特:《非理性的人》,段德智译,上海:上海译文出版社2007年版,第87—88页。

② [德]恩斯特·卡西尔:《人论》,甘阳译,上海:上海译文出版社1985年版,第4页。

性、偶然性、可能性，可以说是用存在遮蔽了存在者。

二、感性的解放：从异化劳动走向审美的王国

尽管以柏拉图为代表的古希腊时期对感性漠视，但柏拉图的弟子亚里士多德却认为，必须从认识感性世界出发，批判了柏拉图的理念与具体事物的分离，认为理念就应当在感性的具体事物之中。在《范畴篇》中，亚里士多德提出了具有感性特征的个别具体的事物才是"第一实体"，而包含个别事物的"属"和"种"则是第二实体。第一实体外，其他东西，包括第二实体都是在表述第一实体或存在于第一实体中。如果没有感性的、个别的、具体的第一实体，就不可能有其他任何东西存在。因此，第一实体是最根本的，是第一位的，这也就奠定了西方形而上学的实体主义思维范式。尤其经过文艺复兴和启蒙运动对封建及教会神权的冲破，并受到笛卡尔思维和存在的二元论的启发，近代经验主义对感性的认识和重视达到了前所未有的程度，培根就提出"感觉是一切知识的源泉"。美学之父鲍姆嘉通将"感性学"（"aesthetic"）命名为美学，在此基础上，康德赋予了感性先验的时空形式和先天的直观能力，康德认为，没有感性，就不会有质料和对象提供给人。他指出："只有感性才给我们提供出直观，而直观通过知性而被思维，而从知性产生出概念"[①]，由此提高了感性在认识中的作用和能力，感性开始反抗理性的压抑和统治，拥有了一定的话语权。

面对西方理性主义哲学对感性的压抑和贬低，以及启蒙理性的危机和对人形成的新的枷锁，莱布尼茨、康德、费希特、谢林、黑格尔、席勒等人都逐渐重视起感性的力量，从康德感叹"人是有限理性的存在"时，感性在近代被赋予了新的使命，感性获得了重生，日渐被认定为人的现实生存的基本方式。康德将感性理解为人的先天的范畴形式，认为感性是人的先验的、自我的、先天直观能力。而且康德意识到了这种审美快感所具有

---

① [德]伊曼努尔·康德：《纯粹理性批判》，邓晓芒译，北京：人民出版社2004年版，第26页。

第一章 朗西埃美学思想的历史语境与理论来源

沟通和交往价值，审美具有普遍可传达的快感和愉悦。康德认为审美的先天原则建立在反思判断力之上，反思判断力是感性的却蕴含着理性，是自然的又拥有着自由，是无功利的却又有普遍的合目的性，这一普遍性不是对象固有的，而是人们自己主观的普遍性。"只把使一个客体得以给予出来的那个表象联系于主体，并且不是使人注意到对象的性状，而只是使人注意到在规定这些致力于对象的表象力时的合目的性的形式"①。康德从人的先验能力范畴理解感性，对我们追寻真正的生命感性世界具有重要的意义。

随后的费希特、谢林、黑格尔都洞察到了感性与理性的内在关系，费希特认为感性是理性的直观，感性能够感受到理性的直观行动；谢林从物质与精神统一的角度诠释感性，认为感性是感觉到的理性，理性是感觉到的感性；黑格尔认为"美是理念的感性显现"，将感性视为自然界、人类社会、精神世界不可缺少的重要环节；谢林的物质与精神统一的维度，成为随后黑格尔乃至席勒、马克思、叔本华、尼采及其后的现象学、存在主义、解释学都在进行的一项哲学任务，并成为包括席勒、马克思在内的政治哲学家们用以建构理想社会的理论基础。

席勒从感性和审美的角度来解决社会问题，建构了一个"自由游戏"的审美王国，席勒认为人在"游戏"的审美王国中是自由的、完整的。席勒的审美教育方案是在法国大革命之后工业化所产生的种种社会现实状况下提出来的，他认为上层社会的人虽然是高贵文明，但却非常虚伪软弱，而社会底层的人野蛮又孤独，机器化大工业的发展使人的各种感性及想象力等都受到了压制，虽然席勒建构的理想社会的目标是道德意义上的，但却运用了审美的途径。席勒说："要使感性的人成为理性的人，除了首先使他成为审美的人，没有其他途径"②，而且必须以美的艺术、审美教育的

---

① [德] 伊曼努尔·康德：《判断力批判》，邓晓芒译，北京：人民出版社2002年版，第64页。

② [德] 弗里德里希·席勒：《审美教育书简》，冯至、范大灿译，北京：北京大学出版社1985年版，第181页。

途径实现人的性格的高尚化,人格的完整和人性的完满,席勒正是在其《审美教育书简》中许诺了人类从解放自己的人格到解放全人类的政治解放的一条可能性途径,从而也为马克思寻求人类解放提供了思想之源。

马克思深受康德、席勒、黑格尔感性思维范式启发,并直接从费尔巴哈对激情和感性的认识中汲取了感性的规定性。马克思认为,人就应该在全部的感觉世界之中认识和肯定自己。他在《1844年经济学哲学手稿》中说道:"人只有凭借现实的,感性的对象才能表现自己的生命。""说一个东西是感性的现实的,就是说,它是感觉的对象,是感性的对象,从而在自身之外有感性的对象,有自己的感性对象。"而且,人作为现实的感性对象的高级产物,人与其他的感性对象相比更多的是具有感性生命的激情、热情,在激情和热情之中追寻着自己的意义和价值,"人作为对象性的、感性的存在物,是一个受动的存在物;因为它感受到自己是受动的,所以是一个有激情的存在物。激情、热情是人强烈追求自己的对象的本质力量。"①

在马克思所生活的工业社会之中,资本的逻辑和阶级的划分使得工人要在相对的时间内创造出资本的最大价值,因此,工人超负荷地、机械地被绑在机器之上,异化的劳动使得人的本质也异化了。马克思否认黑格尔所认为的因理性的最终完成而导致历史的终结,历史不能停留在资本主义阶段,历史是发展的,其所包含的内在矛盾一定会被扬弃。感性的真正解放,在自由人的联合体中,才能斩断由阶级、资本对人的压制和控制。而作为感性的存在,人有着对生命的需求和自身本质力量展现的条件,而一但人作为感性存在物的条件丧失,斩断了人与生活资料和劳动对象的联系,人的现实性被剥夺,人就成为被剥削的,成为了被剥夺了本质的抽象的存在,于是不得不出卖自己的劳动,成为异化劳动的产物。

马克思认为消除异化劳动的唯一方式就通过实践活动扬弃私有财产和自我异化,扬弃了私有财产才能实现人的自由的全面的发展。实践活动的

---

① [德] 马克思:《1844年经济学哲学手稿》,北京:人民出版社2000年版,第106—107页。

第一章 朗西埃美学思想的历史语境与理论来源

主体就是感性的、现实性的人,而不是理性主义传统哲学中的抽象的"自我",作为实践主体的人,应该是丰富的、感性的、个体的、现实意义上的"自我"。因此,马克思将人的感性的生命活动理解并上升为具有实践功能的社会活动,用生命的感性去理解世界的生成性和人的现实性,将感性活动的实践解释为"人之为人"的独特的感性存在;并成为人类理想社会建构的理论支点和能力基础。

由此,马克思在《1844年经济学哲学手稿》中如此描述人的感性解放和共产主义理想图景:"既然人的生命的现实的异化仍在发生,而且人们越意识到它是异化,它就越成为更大的异化;所以,它只有通过付诸实行的共产主义才能完成。"① 感性解放的路径的现实基础就是"人的异化",马克思认为在扬弃了异己的或者非人的存在之后,人与自然、人与社会、人与人才能达到矛盾的真正解决。马克思将感性的解放视为人的未来解放的方式和路径,未来的、理想社会的人一定是"感性丰富"的"有着全面感性"的人。这就是马克思勾勒出的感性的、理想的、现实的社会图景。在这样的社会中,人才会成为同自己本质上一致的全部丰富的、感性的、现实的人,才能够用自己的感觉和激情,在对象性的世界中确证自己,丰富自己。感性的解放,才是人的真正的解放。才能够使得存在和本质、对象化和自我的确证、自由和必然、个体和类之间的矛盾获得解决。这个感性解放的理想社会,无疑是一个感性的、丰富的、现实的、自由的审美王国,在《1844年经济学哲学手稿》中马克思也是将审美生存作为一种理想的社会模式来构想的。

无疑,马克思的社会理想正因感性而具有美学情怀,马克思说过,动物只是按照他所属的种的属性来建造,而人却是按照美的规律来建造。由此,马克思也将人的本质概括为区别于动物的"按照美的规律来建造","动物只是按造它所属的那个种的尺度和需要来建造,而人却懂得按照任何一个种的尺度来进行生产,并且懂得怎样处处都把内在的尺度运用到对

---

① [德] 马克思:《1844年经济学哲学手稿》,北京:人民出版社2000年版,第128页。

象上去；因此，人也按照美的规律来建造"①。马克思认为，在资本主义社会里，异化劳动使得"劳动创造了美，但是使工人变成畸形。劳动用机器代替了手工劳动，但是使一部分工人回到野蛮的劳动，并使另一部分工人变成机器。劳动生产了智慧，但是给工人生产了愚钝和痴呆"②。这种异化劳动关系，使得人的审美感觉完全丧失了，"对于没有音乐感的耳朵说来，再美的音乐也毫无意义"③，在这种异化的劳动之中，人对音乐的审美感觉完全消解于嘈杂的劳动环境和被迫机械劳作之中。因此，理想的社会就应该使劳动者创造美并能够享受美，而不是成为劳动异化的工具而饱受摧残。

正因为理想的共产主义社会对于分工的消解，使得人不再因迫于谋生而被分工于某一限定的艺术门类下劳作，即便艺术家也不再将艺术创作当成一种劳动，而是进行着自由的艺术创造。由此，可以看出马克思为全人类的感性的解放、审美的生存设计了一个理想的共产主义社会，在这个社会中，每个人都能够在自己所自由选择的实践之中，发现、实现、践行并享受自由的主体，这才是一个真正的、普遍的、一个近乎完美的审美王国。审美的情怀一直潜藏于马克思的历史观之中，马克思对历史的关怀，对人性的终极追求，都潜藏在其感性的、审美的关怀之中，由此，美学的维度具有了历史的、批判的维度。

马克思之后，作为现代唯意志主义的开端和代表的叔本华和尼采，更是高扬着感性的大旗，冲破了西方传统理性主义的认识方式，开启了西方现代哲学美学的唯感性或者泛感性的特质。叔本华借鉴了康德的"物自体"概念，认为人凭借纯粹的生命的直观，是能够认识到"物自体"的。叔本华不满传统理性主义哲学对真理的认识方式，认为人的生命的直观是可以认识真理的。可以说，叔本华的生命直观虽然开启了西方的非理性主

---

① ［德］马克思：《1844年经济学哲学手稿》，北京：人民出版社2000年版，第58页。
② ［德］马克思：《1844年经济学哲学手稿》，北京：人民出版社2000年版，第54页。
③ ［德］马克思：《1844年经济学哲学手稿》，北京：人民出版社2000年版，第87页。

义思潮，但他对康德"物自体"的执着和追捧，使得他仍然是传统的认识论理论体系。但其所提出的"生命"的感性能力，受到尼采极大的赞赏，所以说，叔本华、尼采是西方非理性主义思潮的开启者，也是现代西方哲学美学"感性"维度的坚持者和践行者。尼采在《悲剧的诞生》中批判苏格拉底对知识"想入非非的乐观主义"，批判了西方自古希腊苏格拉底以来的理性主义哲学传统，以及由启蒙理性开启的现代性所导致的科学和技术理性的霸权地位，而其批判的武器就是与叔本华一样的非理性的、感性的意志，是将"生命意志"深化为"权力意志"。尼采重估一切价值。提升感性生命的意义，追求感性生命的美学价值。

尼采批判了自苏格拉底以来的理性主义者抬高理性，忽视感性，认为表面的、现象的东西是没有价值的，从而不停地追求事物背后的"本源""始基""本质"，过高地抬高知识和真理的价值，才能获得幸福，从而导致感性的、流动的、易逝的生命被压制。尼采给予这样的传统理性主义哲学以致命的打击，认为西方传统理性主义哲学及科学技术理性是十足的谎言，人们知识越多并没有越幸福，将科学知识与人的幸福联系起来是虚假的、无意义的欺骗行为，使得科学对生命的侵犯，科学造成了人性的萎缩和荒芜，人在科学面前变得一无是处，"科学受它的强烈妄想的鼓舞，毫不停留地奔赴它的界限，它的隐藏在逻辑本质中的乐观主义在这界限上触礁崩溃了。"① 为此，尼采高呼，"存在""理念""本源""始基""上帝""灵魂""真理""美德""理性""罪恶"都是虚假的、无意义的，只有追求人最本真的感性的生命才是最高的价值。为此，他宣布要重估价值，于是他说："弟兄们，宁肯随我听从健康的肉体的声音吧，此为更诚实、更纯洁的声音。健康的肉体在更诚实更纯洁地说话，这个完美的端正的肉体在叙说着尘世的意义。"② 感性的肉体本身就是有价值的，不必再去追求彼

---

① ［德］弗里德里希·威廉·尼采：《悲剧的诞生》，周国平译，北京：生活·读书·新知三联书店1986年版，第65页。
② ［德］弗里德里希·威廉·尼采：《查拉图斯特拉如是说》，黄明嘉译，桂林：漓江出版社2000年版，第25页。

岸的、超感性的"真理""价值""存在",感性、激情、欲望就是人最本真的存在,因此"上帝死了",一切存在的价值原则,就是适合于生命本能力量的显现,理性主义和科学主义对感性生命的扼杀是理性对感性的侵犯。

所以,尼采认为,显现感性生命的强力意志的人就是美的,相反,没有显现生命强力意志的人就是丑的。感性生命的丰盈和生命意志的丰满就是美的。在《偶像的黄昏》中,他说:"没有什么是美的,只有人是美的,在这一简单真理上建立了全部美学,它是美学的第一真理。我们立刻补上第二真理:没有什么比衰退的人更丑了,审美的领域就此被限定了。"① 在尼采看来,美学就要显现人的最本真的生命欲望的丰盈,而不再是广博的知识和理性的知识结构,而是要有强悍的原始生命欲求和旺盛的生命欲望。从生命意志来判断美的价值,重估一切价值,突破了传统的理性、神性、知识、道德、和谐、结构的范式。

三、感性的重建:从单向度的人走向总体的人

随着叔本华、尼采对现代的开启,感性的维度在现代获得了空前的发展,并成为西方马克思主义者们批判现实的重要工具。与马克思所面对的工业革命初始阶段不同,马尔库塞等面对的社会是工业化时期的西方现代社会,尤其是消费社会对人造成的异化和心灵的危机,一大批西方马克思主义者依旧运用感性的旗帜,对抗工具理性,批判理性,张扬感性,试图通过审美救赎来解除革命主体性危机,培育变革社会现实的否定性力量。审美现代性批判成为西方社会批判理论发展历程中选择的共同武器,本雅明、阿多诺和马尔库塞等都从感性的审美维度来探索人的解放途径。

进入 20 世纪,西方社会从生产的时代进入了消费的时代、商品化的时代。科学和技术很大程度上取代了工人的劳动,将工人从流水线上解放出

---

① [德] 弗里德里希·威廉·尼采:《偶像的黄昏》,周国平译,北京:光明日报出版社1996年版,第67页。

第一章 朗西埃美学思想的历史语境与理论来源

来,劳动的异化已经不再明显,但却造成了人的进一步异化,这是由于工具理性和技术理性对人的更深的操控,即如马尔库塞所说的"肯定文化"对人的统治和控制,"总体专政"对人的控制已经不仅在政治和经济领域,而渗透到了人的日常生活的各个方面和环节,思想、道德、信仰、消费方式、生活方式等,更进一步的异化表现在人们深陷资本主义和消费的漩涡之中却不自知。

在西方发达的工业社会里,人们的日常生活领域已经被资本的逻辑所侵占,效益原则和资本原则渗透到全部生活之中,人的交往、情感等感性特质都因统一的技术理性原则而失去了丰富性和独特性,寄托着人的真善美的艺术也失去了其应有的特性,"不断发展的技术现实不仅使某些艺术'风格'失去其合法性,而且还使艺术的要旨失去其合法性"[1]。

文学、艺术、文化本该是最自由的,但却在工业化、商品化的时代成为了工业流水线上的商品,失去了文学、艺术和文化的创造性本质,文化工业对人的精神和深层次的各种欲望、本能、情感、想象力等进行塑造和生产,这背后一样是资本逻辑逐利的本性使然,也是后工业时代的一种新的异化形式,"它被合并入厨房、办公室和商店,它对实业和嬉皮士的商业文化让步,在某种意义上,这些都是反升华——以直接的满足去代替间接的满足"[2]。当前互联网、大数据、自媒体时代,在技术理性的原则之下,人不仅被技术物化,更"被消费",而"被消费"的正是我们的情感、价值和意义的感性层面。

在文化工业所制造出来的文化商品化的时代,文化被赋予了"肯定"功能,而失去了其批判和反思超越的功能,人们沉浸于文化所制造出来的"娱乐至死"的虚假繁荣和幸福里,泯灭了人的反抗意识和超越精神,马

---

[1] [美]赫伯特·马尔库塞:《单向度的人——发达工业社会意识形态研究》,刘继译,上海:上海译文出版社2008年版,第51页。

[2] [美]赫伯特·马尔库塞:《审美之维》,李小兵译,桂林:广西师范大学出版社2001年版,第74页。

尔库塞认为，人所具有的"这种内心向度本是否定性的思考的力量也即理性的批判力量的家园，它的丧失是发达工业社会压制和调和对立面的物质过程在思想意识上的反应"①。人丧失了总体性、批判性，使人沉陷于虚假的幸福而成为片面的、单向度的人，人的表面的幸福并不能掩盖其失去了深层的精神家园和生活的真正意义。这样在现代资本主义社会之中，人的异化是人的深层精神的异化。

面对人在现代性危机中的进一步异化的现状，马尔库塞并不主张暴力来改变社会结构，而且认为并不能仅仅靠政治和经济革命来实现社会变革，必须要进行"总体性"的革命，而"总体性"革命的目标与马克思一样就是实现人的解放，倡导要用一种"总体性"的社会主义来取代资本主义。而"总体性"革命的核心动力就是"新感性"，因深受马克思诉诸感性解放的影响，他也在感性的力量中找到了构建社会理想的审美的路径，提出用"新感性"进行感性的重建。

"新感性，表现着生命本能对攻击性和罪恶的超升，它将在社会的范围内，孕育出充满生命的需求，以消除不公正和苦难；它将构织'生活标准'向更高水平的进化。"② 在《审美之维》中，马尔库塞阐述了"新感性"重建社会理想的政治意义，他的"新感性"意味着一种具有变革社会力量的新人。因为，马尔库塞用"单向度的人"旨在批判西方发达资本主义社会中深层异化的人，在发达工业社会中，人在科学和技术理性面前日益分裂，人的分裂、知识的分裂、艺术与现实的分裂、感性世界与理性世界的分裂、必然王国与审美王国的分裂，为此马尔库塞寄托于感性的力量，从而试图建立"新感性"以弥合这种分裂，他说："所以，要与攻击性和剥削的连续体决裂，也就同时要与被这个世界定向的感性决裂。今天的反抗，就是想用一种新的方式去看、去听、去感受事物；就是要把解放

---

① [美]赫伯特·马尔库塞：《单向度的人——发达工业社会意识形态研究》，刘继译，上海：上海译文出版社2008年版，第10页。
② [美]赫伯特·马尔库塞：《审美之维》，李小兵译，桂林：广西师范大学出版社2001年版，第98页。

第一章　朗西埃美学思想的历史语境与理论来源

与惯常的和机械的感受的消亡联系在一起。"① 可以说，马尔库塞这里所说的新感性的"去看""去听""去感受"的方式直接影响了朗西埃。朗西埃的"感性的分享"，也是要打破既定格局内的"看""听""说"的传统的感性分配方式。

马尔库塞在《文化的肯定性质》中认为"新感性"是在人的生存层面的概念，是全新的感受和听、说的方式，是感性与理性的协同。马尔库塞完全接受了康德在《判断力批判》中对感性、想象力与自由之间关系的分析，赞同康德赋予感性以想象力和自由，赋予感性以生产性和创造性。他认为，审美想象力必定在从被压抑中解放出来的新感性中起到沟通与转化的作用。想象力的自律性和自由性决定了它能够挣脱被压抑和摧残的感觉经验，艺术的创造与接受都有赖于审美想象力的自由运作。这里，马尔库塞的新感性具有康德在《判断力批判》中规定的人的感性机能的沟通内涵，并赋予了新感性以美学的维度和审美政治的功能。马尔库塞继承了马克思人是唯一能按"美的规律"来生活的观点，认为只有结合拥有爱欲的"新感性"的人，才能解放被压抑和异化的状态，才能按照美的规律来塑造事物和生活，实现人的自然的变革，并最终促进人类社会的解放。在这样的社会之中，一切冲突和对抗都消失了，人是真正和谐的总体性的人，因此，具有新感性的人的塑造是自然解放和人类社会解放的前提。"总体性的社会主义"就是马尔库塞未来的理想社会。

因此，可以说"新感性"所具有的审美的秩序和自律形式，具有先天的自由和谐的本性，也必然地具有反抗现实的感性力量，作为否定和冲破现存原则的一种力量，以感性的力量反抗科技理性对人的精神造成的深层次的异化，达到一种理想的社会状态与人的生存状态。马尔库塞"新感性"的人是具有情感、想象力和创造力的，真正的艺术也具有这些特质，艺术的政治功能正在于它因这些特质而具有"审美之维"，这种"审美之维"把给定的内容转变成了自律的形式，以形式来展现现实，因对现实具

---

① ［美］赫伯特·马尔库塞：《审美之维》，李小兵译，桂林：广西师范大学出版社2001年版，第109页。

有超然的态度而保持了反抗和批判的维度,由此建立的社会理想更具有审美的维度。

四、感性的分享:从等级秩序走向审美民主化

可以说,马尔库塞的理论具有"政治诗学"的意味,经历了从技术政治学到审美政治学的过程,由马克思的经济手段转向了文化的手段,将"解放"诗意化为美学以反抗现代性危机,是一种具有浪漫主义情怀的审美政治的美学方案,相对于马克思的历史性和现实性拯救途径来说,马尔库塞的社会主义革命由于现实主体的缺位,也由科学的方法最终陷入了一种审美的乌托邦。

尽管现代社会理论批判家们竭尽所能地批判社会问题,但全球化时代全球面临的社会现状告诉我们,马克思所认为的人的"异化"并未消除,马尔库塞认为的技术理性对人的控制越来越深。在后现代主义所高扬的"碎片化""事件化"的生活话语之中,都因"事件转向"而变得毫无意义。启蒙的宏大叙事在解构主义时代或者说后现代主义时代被瓦解和撼动,后现代主义瓦解启蒙叙事的武器就是"事件转向"(turn to the event),"事件转向"使得偶然性日益被人们所认识,后现代性的显著标志就是反本质主义、反意义确定性,提倡多元主义、历史偶然性、非体系性。以偶然性为特质的"事件转向"使得人在社会中成为萨特所说的荒诞性的存在,荒诞、荒谬、无意义、无价值成为现当代人的生存状况。

所以说,从马尔库塞所生活的工业化时代到朗西埃所生活的后工业社会、后现代主义时期,科学技术所创造的物质财富使得人与人之间物质的平等已经不是主要的问题,但真正的不平等是人的可感性经验的不平等,人的异化不再是马克思所说的劳动异化,也不再只是马尔库塞所说的精神的异化,而是一个更深层的、人的全面异化的时代,这种异化体现为如福柯所说的人因话语权而导致的"被规训"。

福柯的"生命政治"话语是伴随着现代性而来的政治形态,他认为资本主义社会形态和资本逻辑,通过"权力话语"控制个体,已经深入到人

们日常生活的方方面面以及人的精神和灵魂深处,"人口的生命政治"即"以物种的肉体、渗透着生命力学并且作为生命过程的载体的肉体为中心的"① 一连串的介入与调整控制。规训性施于身体,生命政治的核心就是生命权力,生命权力以介入的方式,对人的身体和感性进行微观的控制和规训,但这生命权力不再表现为暴力的方式,而是规范性的,通过人体与身体驯服生命中的偶然性因素,使其正常化,而这种生命权力的实质就是隐蔽的政治统治,以保卫社会以其所认为的"正常"或"正当性"的话语方式而运行,从而形成"标准化"的社会样式。

福柯认为后工业社会根本没有所谓的本质,一切社会现实都是话语权掌握的和规训的,都是话语的规训使然,也如尼采所认为的,就连道德本身都是一种人为的建构。这种深层的异化,正是朗西埃认为的"不平等"的根本来源。朗西埃延续和继承了福柯生命政治哲学理论,但因其更看中了身体化的"感性"的价值和作用而具有独特的理论气质。朗西埃与马克思和马尔库塞一样运用感性话语,从"感性"介入现实、介入政治,提出了"感性的分配/分享"以实现人的平等、社会的平等,创造一个以平等为基点的理想的现实社会图景。与马尔库塞的审美乌托邦不同的是,朗西埃的感性介入,感性和审美是一种手段又是目的,"感性的分享"是以"介入"的姿态和审美政治的途径,实现人与社会的平等和解放。

感性因何具有了平等之意蕴?这里朗西埃运用"partage"的"分享"(share)之意可以从感性本身的特点来理解。对感性的判断就如同康德所说具有普遍的可传达性,审美具"共通感",鉴赏判断能够使人获得愉快,体验一种超感觉的趣味。由此,如同福柯晚年在《什么是启蒙》中通过谱系学的姿态,提出一个核心的建构目标"要将自己的身体、行为、情感、激情和个人存在都转变成艺术"。朗西埃不但认识到感性的美学之维,更是将政治、艺术与美学联通起来。"政治"对可感性经验的划分功能,某种意义上与艺术之中对可感知经验的划分与建构具有相同的功能。由此,

---

① [法]米歇尔·福柯:《性经验史》,佘碧平译,上海:上海人民出版社2000年版,第100页。

朗西埃通过可感性的分配将艺术与政治联通起来，认为政治与艺术就是两种基于"可感性的"感知共同体，作为两种感知共同体，艺术与政治是同样的。而且，朗西埃认为美学天然地具有政治性。

本章小结

　　朗西埃的美学思想的两大核心基础就是"平等"与"感性"。平等作为朗西埃从学生时代就执着追求的一种社会理想和理论诉求，成为他整个哲学和美学思想都不可避开的理论基点。无论是"五月风暴"之中对阿尔都塞为代表的精英知识论的反抗，还是走进工人档案研究时发现劳工的感性身体及其所具有的感性力量，朗西埃的目标都是指向平等的。当平等与感性碰撞，朗西埃找到了延续康德、黑格尔、席勒、马克思、马尔库塞等人以感性建构社会理想的审美政治维度。朗西埃思想深处的平等诉求，是在法国大革命和"五月风暴"历史语境的间接和直接影响下形成的，并沿着西方哲学对平等的追求，以及对审美与政治关系的研究的历史脉络之中，不断深化和发展的。朗西埃以解构主义谱系学的方法解构了西方逻各斯中心主义传统对感性的遮蔽，倡导对感性和感觉进行重新分配。由此，朗西埃从人类"感觉分配/分享"入手，重新勾画了艺术与政治的关系图式，把艺术、政治与美学沟通起来。如朗西埃所言："艺术和政治各自明确了一种歧感形式，一种对共同感知经验的歧感性重构。如果这里有一种政治的美学，它就存在于通过主体化的政治进程，对共同体的分配进行重构。相应地，如果这里有一种美学的政治，它就存在于那些能够重塑感知经验肌理的艺术实践与可见性模式之中。"① 但朗西埃又进一步指出，艺术不能充当说教的工具，艺术要独立于现实而发挥歧感效用，去打破现实资

---

① J. Rancière, *Dissensus*, *On Politics and Aesthetics*, Edited and Translated by StevenCorcoran, New York: Continuum International Publishing Group, 2010, p. 140.

第一章　朗西埃美学思想的历史语境与理论来源

本掌控逻辑之下那些貌似"正确的"方式，通过艺术的手段重新进行可感性的分配，从而推动人类改变世界，引领自由解放的实践。感性先验地具有可分配、可分享的维度，使得审美与政治的结合成为当代艺术和美学在经历了解构主义、后现代主义风暴之后，朗西埃重新找到的一条美学与艺术的发展之路。

第二章 审美的发生：微观生命的彰显

随着当今西方社会的开放程度的提升，政治、经济和文化的多方交融，使得政治权利也呈现了多元化的态势，人类社会的微观结构越来越明显，人的微观权利也日益多维化、多层面。而随着社会、科技的进步，资本主义社会及其权力机构对人的控制已经通过对人的微观权力的控制，以更加隐蔽的方式和形态，渗透到了人的各个方面。朗西埃敏锐地意识到，对抗当今如此隐蔽的微观权力的有效方法不是宏观的政策，而应该是一种"平等"的武器，这种平等要从人的最为微观的智力、感受、感觉开始，在这样微观的感觉构境之中，使人的生命得以溢出，使人的微观感觉更加受到重视和尊重，生命价值得以彰显。

第一节 从宏观到微观的构境

随着人类社会的发展和人类思想史的发展，"人"逐渐地从神坛被解放下来，真正地存在于人类社会生活之中。随着人类文明程度的日益提高，科学技术水平的空前繁盛，一切黑暗的、显性的、宏观的、总体的对人的控制，早已经退出历史舞台。但"社会"作为人的生活、学习、工作、娱乐的生存空间，正在以各种极其隐蔽的方式对人进行着微观的、全方位的、不易觉察的"控制"。朗西埃意识到对抗这些隐蔽的微观控制的方法，就是让人们充分地认识到自己的感性需求和生命主体的需要，在感性层面寻求平等，抗拒权力的控制。

一、歧义—异质性

西方哲学和美学传统表现为一种对世界和人的本质追逐的"宏大叙事"。"宏大叙事"一词是利奥塔对现代乃至古希腊以来的西方社会的总陈述，也可以称为元叙事，这种元叙事的思维模式就是一种追求总体的、统一的、同一的话语模式。但是，世界、社会、人其实是多种多样的，并不是同一的、不变的，这种元话语叙事的框架无形之中消除了差异性、多样性、异质性和"歧义"，这种追求普遍性的话语方式，非但没有促进人的发展，反而成为限制人的发展的工具。显然，共识性的逻辑话语，只是一种形而上学的执念。以至于，沿着这样宏大的元话语叙事的科学的、理性的逻辑，"共识"逻辑成为当代西方政治的逻辑范式。而"歧义"（Dissensus）就是朗西埃对抗当代西方民主政治中倡导的所谓的"共识"的逻辑起点。

（一）差异的缘起

西方理性哲学和逻各斯中心主义传统，意在强调主体、起源、等级、本质、永恒的原则，同时具有排斥他者、偶然、差异、个别、变化等原则的特点。进入 20 世纪，西方哲学和美学进入语言学阶段，语言学的视角构成了哲学和美学繁茂的异质空间。解构主义将西方传统的理性主义传统解构得支离破碎，语言连同其含义一起取代了 19 世纪之前对理性和人的研究的重心，成为了 20 世纪精神生活和哲学、美学研究的范式。不同于传统哲学和结构主义对总体性、同一性、逻各斯的肯定，解构主义更是从索绪尔（Saussure，1857—1913）"语言"和"言语"的理论关系之中，挖掘并夸大了异质性的存在及其在哲学、文学、艺术、美学之中的价值。以德里达、福柯、利奥塔、德勒兹等为代表的解构主义哲学，倡导偶然、差异、多样、异质等概念对朗西埃都形成了影响。

雅克·德里达在1968年法国哲学学会上发表了关于"延异"的哲学思想。德里达从索绪尔语言学的差异原则和海德格尔本体差异的原则出发，企图探讨引领西方思想摆脱传统的同一性思维模式的路径。按照"延异"理论，"所指"就是"所指"本身，并不涉及它之外的实体、思想、本质等，是对在场权威性的质疑，而语言意义取决于符号的"差异"，意义必须"延异"，向外"扩散"。所以，德里达认为，人的语言并不指向所谓的中心和在场，语言的意义指向"延异"，"延异"使得真理和意义像种子一样散开和消解，多样的差异也由此显现。

米歇尔·福柯认为："语言不再是作为一种再现的工具出现，相反，它是一种无限的自我重复，是一种没完没了的镜子般的反射游戏。"① 福柯以此批判了西方传统的同一性模式。并且，又通过"异质空间"（heterotopia）的概念进一步阐释了差异性。"异质"（hetero）的希腊文意为"其他的""不同的""差异的"，福柯对"异质空间"的探讨可以说是源于对历史文化的探讨，在他看来任何文化都要参与"异质空间"的建构。"异质空间"并无特定的、精确的、普遍的形式，而是充满着变化、差异、片断，正是这种断裂揭示出异质性事物的存在。

让-弗朗索瓦·利奥塔的"差异"思想集中体现为对"表象/再现"（Representation）的批判。利奥塔在《后现代状态：关于知识的报告》中，借用维特根斯坦的"语言游戏"概念，以语用学的方法分析了西方后工业社会知识的现状，不再是统一的、绝对的、真理性的，而是按照各种规则的不同游戏罢了。利奥塔通过解构现代知识的合法性，反对科学知识唯我独尊的霸权主义，宣告了一个差异的时代的到来，一个追求多元的、差异的、异质的解构思维模式的来临，瓦解了宏大叙事的思维范式。如同福柯的"异质空间"，利奥塔提出了"间世界"，说明差异性空间的特征是异质事物的并置。见证不可表现之物，意味着让异质者解构光明和言说。

---

① 汪民安主编：《福柯读本》，北京：北京大学出版社2010年版，第15页。

德勒兹也是"差异"理论的重要代表人物。他认为自柏拉图以来的西方哲学本体论中的"同一性"就是表现主义的再现，是"无差异"的重复。德勒兹认为，差异即"创造"，因此，他在《差异与重复》中寻找被遮蔽和代替的"差异"，对抗传统的"重复"。他用自然界植物形态来比喻同一性和一致性的根本差异，用"根状"结构来比喻同一性，因为根为树木之源，树根深埋于地下；用"块茎"结构来比喻差异性，因为"块茎"随处可栖，可自生枝叶，不受根部限制。所以，德勒兹用"块茎"结构代表没有体系依据、不受逻辑限制的异质性和多样性。

西方现代哲学，尤其进入20世纪中叶之后的哲学，"差异""异质"的思维范式对整个哲学、美学、政治学都产生了深远的影响。对传统科学霸权的质疑、对同一性的瓦解，使得现代美学和艺术有了更加花样繁茂的新景象。

（二）歧义的起点

正是基于如上的"差异"和"异质"的空间范式，朗西埃延续其思维的方式，创造了他的独具特色的"歧义"（Dissensus）概念。"歧义"是朗西埃政治和美学理论的核心和具有起点意义的概念。在朗西埃的理论体系之中，"歧义"首先是作为政治学概念运用的，也被很多学者译作"异见""歧见"（dissidence），是通过不被纳入表达体系，也就是共识体系范围内而进行的言说和表达的可能性，在可感性中制造裂缝，以挑战既有的感知、思想和行动。

朗西埃认为现代西方民主是一种"后民主"，所说的"后民主"就是西方的自由民主政治以"民主"之名和"共识"实践，消除了"人民"的民主。"共识"无疑成为了现代西方"后民主"的治理手段，将"人民"转换为多元的诸多身份，尽管其如何多样和多元，但都逃脱不了位置与功能的组织化建构，每个人在共同体之中，也都是一个共同体之中的缩影，并无真正的位置和表达真实意见的可能。"共识"民主旨在，在当代西方社会"共识民主"的共同体之中，寻求一种平稳的统治，即共同体内部成员之间以一种协商的方式，达成一种"共识"。这种"共识"就使得争议消失，也就使得个体表达真实的意见不再可能，看似多元的"共识性民主"实际上是共同体和"共识"对个体的一种捆绑，其实是继承集权体制的权威性，是以一种"共识"的假象和精英主义形态预设和固化了等级制和社会阶层。

可以说，朗西埃的"歧义"是针对西方传统哲学尤其是哈贝马斯在现代西方政治学意义上的"共识逻辑"提出来的。而哈贝马斯的"共识"也是利奥塔在关于现代性与后现代性之争中批判的对象，可以说，朗西埃受到了利奥塔的影响。利奥塔对西方现代的自由民主政治进行了批判。他认为，现代西方社会虽然自称是自由民主的社会，并且为民主找到了一个"共识"的理由，但实际上这是不可能的，因为共识是需要语言来实现的，而如维特根斯坦所说，语言是一种游戏，人的语言是不可能如科学一样规范的，如果一旦形成了共识，就是在使语言同质化，就会破坏了语言游戏的多样性，从而使得民主并不是真正意义上的民主，因此共识是不可能的。利奥塔还认为，这种共识是被迫的，是强者将意志强加于弱者的结果。

而利奥塔认为，后现代正是一个宏大启蒙叙事被瓦解的时代，恰恰是因语言的游戏性，使得各种多元性、异质性、差异性、不可通约等成为了这个时代的动力和新鲜血液，也是促进社会前进和发展的动力。"发明总是源于争论和冲突之中。后现代的知识不仅仅是当局的工具；它锻炼我们对差异性的敏感性并增强我们容忍不可通约的能力。它的原则不是专家的同种性，而是发明家的形似性……"①

针对利奥塔的后现代性，哈贝马斯认为现代性并没有完成，是一项未完成的事业。现代性虽然在其发展过程中出现了很多问题，如工具理性的片面发展、价值的跌落、道德的滑坡、人的更深的异化，但依然没有完成。为此，哈贝马斯认为要重现现实生活世界的合理性，就要以交往理性来取代目的理性或者说工具理性，建构一种交往理性来克服现代性的片

---

① ［美］史蒂文·塞德曼：《后现代转向——社会理论的新视角》，吴世雄等译，沈阳：辽宁教育出版社2001年版，第36页。

面。哈贝马斯挖掘出了"话语"的交往功能和价值,话语作为连接主体的媒介,能够进行有效沟通、互相理解、达成共识。从而,哈贝马斯将话语作为其建构交往理性的一种途径,但他强调必须要在公共交往之中规范话语模式,避免话语的扭曲而导致的交往失败,从而形成真正的理解和共识。而且"共识"遵循的就是一种理想的言谈情境(ideals peechs intuation),这种言谈情境建立在没有压迫的自由的民主话语空间之中,使得以话语为媒介的交往得以可能。同时,针对利奥塔对共识和同一性的批判,哈贝马斯认为坚持共识并不意味着压制和统治,话语的共识要满足一个条件,那就是人人都要追求真理、服从真理,这种对真理服从的前提使得人与人的话语共识成为一种可能,也就是交往的可能,交往的发生要保证真实性、正当性和真诚性,表面上的一致共识是欺骗。哈贝马斯认为,他的"共识"并没有否定和消除"差异","真正的共识绝不会否定差异,取消多元性,而是要在多元的价值领域内,对话语论证的形式规则达成主体间认识的合理的一致,并将这一前提引入语言交往"①。尽管哈贝马斯承认"差异"和"异质"的存在,企图以一种包容性的交往理性和对话政治,避免总体化、避免普遍性,但不难看出其交往理论和目标仍是要达到一种"共识",而事实上,我们可能会越来越意识到,话语本身所具有的内涵,使其想要达成共识并不那么容易,异质性、差异性仍然是话语最根本的属性。

所以,朗西埃认为"歧义"(Dissensus)是与哈贝马斯的"交往行为理论"和"共识或者协商式民主"相反的一种"反共识"的逻辑概念。朗西埃认为哈贝马斯"共识"(consensus)也就是"con-sentier",就是迫使你一起去一样地感受和体会,因此,共识是强制的和专制的,共识就是按照已经被区分和分配好的逻辑而排除他者。

朗西埃认为哈贝马斯的"协商式民主"就是"共识"的逻辑,其追求的还是一种政治形式的一致性、同一性,"协商式民主"的语言逻辑使得

---

① [德]哈贝马斯:《作为未来的过去》,章国锋译,杭州:浙江人民出版社2001年版,第126页。

话语和理解之间的最终归宿是一致的、同一的。但长此以往，社会在"共识"逻辑的体系之内磨平了差异，使得个体淹没在他者的视野之中，身份的认同是否造成了另一种虚伪的压制？这正是朗西埃所思考的问题所在，他认为这种同一的、共识的逻辑抹杀了任何"歧义""异质"的可能，意味着所有的沟通都以达成一致为目的。朗西埃极力强调的是"异识"现象，即每个人、每个群体、每个阶层都能够拥有平等地表达自己的权力和可能。因此，朗西埃认为，这个意义上来讲，"共识"是比"歧义"更具有暴力倾向的逻辑范式。延伸到其政治学范畴，朗西埃认为目前的"人民"在"共识"逻辑之下是集体失语的，使得人民不再发声，被淹没在"绝对他者"的世界之中。"歧义"的起点就是："可见者与不可见者的区分、具有话语——可资记忆的演说、须被当一回事的话语——者和不具有话语者的区分；真正能言说者和那些只具有表达愉悦和痛苦的声音而仅仅只能模仿声音连音者的区分。"①

"歧义"就是对抗"绝对他者"的方法，"绝对他者"是一种同一性的规则，是一种绝对服从，抹杀了差异性，达成"共识"和"同一"是"绝对他者"的逻辑和规则。"绝对他者"与"我"之间形成了不对称的关系，就是一种"他律性"的服从关系。"歧义"逻辑旨在对抗这种他律性的"共识"逻辑，"歧义"是在这一共同体内制造缝隙的力量，使不同的感性得以体现，实现对每一个他者给予生命的观照。"共同意义的原则始终是反抗性的，它预设着一种对于他者及其自我的象征性的暴力。"不是用知识的权威来达到一种"共识"，而是要通过"歧义"来构建一种"平等"的对话。

（三）异质的美感

因此，与"共识"逻辑相对立，朗西埃创造了"异识"，也就是"歧义"所带来的异识逻辑和"歧义"的思维范式。朗西埃曾说："语言游戏

---

① ［法］雅克·朗西埃：《歧义：政治与哲学》，刘纪蕙等译，西安：西北大学出版社2015年版，第39页。

第二章　审美的发生：微观生命的彰显

与异质性的语句体制，永远构成了可供了解的错综关系与辩论。无论他们是否说话或只是发出噪音，语言游戏的异质性并不是悬置政治大叙事的现实社会的宿命。相反，语言游戏构成了政治。"① 这就是说人的言语、语言就是充满着异质性的，必定带来一定的异识的政治与美感。

朗西埃的"异识"民主是与福柯所极力反对的"驯服的民主"一样。所以，"异识"民主是一种积极的民主，是真正地代表人民的民主，反对由西方传统哲学一直支撑着的精英的、统治的权威所带来的被动的民主，坚持的是自治性而不是他律性，是积极的、主动的、自治的民主形式。"异识"逻辑在朗西埃的艺术和美学理论之中发展成为"异质性"（heterology）。艺术和美学也因有"歧义"和"异识"逻辑才能够创造真正的艺术和美感。朗西埃甚至说，"越是没有花费心思创作的表现，就越是美。……艺术创作中的概念跟不需概念的美这两者互不相干之后，是天才连接起两种异质的逻辑"，从而使得，艺术家所做的事超出他们的意愿，能够将异质的元素创造出美感，"这样他就让读者、观众、听众有能力看到，单纯的一层表面具有多层意义"。② "异质性"创造了丰富多样的审美的异质空间。而不是如柏拉图理念世界中那样的阴影的王国（黑格尔语），而是一个五彩缤纷、绚烂丰富的异质的可感性的世界和审美的世界。

可以说，"异质"是一种打乱，打乱的是传统的、惯常的逻辑及其产生的美感形式，而要使得不可见、不可说、不可想的异质元素得以彰显，得以具体在艺术和美学中获得表达的机会。朗西埃对艺术中的异质性如此下的定义："关于适当的政治性艺术作品的理想事实上是这样一种理想：它只想要扰乱可见、可说和可想之间的关系，而不是一定要以信息作载体为条件。这是一种关于艺术可以在意义情境的确切逻辑之下以一种破裂的形式传递意义的理想。事实上，政治艺术无法在有特定意义的景观的简单

---

① ［法］雅克·朗西埃：《歧义：政治与哲学》，刘纪蕙等译，西安：西北大学出版社2015年版，第72—73页。

② ［法］雅克·朗西埃：《美感论：艺术审美体制的世纪场景》，赵子龙译，北京：商务印书馆2016年版，第22页。

形式下产生,尽管这种景观会导致一种对世界状况的'警觉'。"① 异质的事物才应该是艺术所表现的题材和对象。

在讨论电影和图像之时,朗西埃也曾如此定义:"艺术的图像是一些产生差异和不相像的操作。"② 朗西埃认为与相像对应的事物不该是艺术操作的范围,艺术就该是一个感性的在场,对差异和不相像的东西的表现。他在区分了"图像""相像""原相像"时,认为"原相像"就是初始的相像,不是复制品的相像,这样的原相像就是我们现当代艺术所应该追求的图像的相异性,也即异质性。"相像"就是在追求同一,只有"原相像"才表达着丰富。

"歧义"使得传统艺术和美学之中的可见、可说、可听之间的关系图式被扰乱,艺术可以具有不同以往的表达内容。艺术应当表现那"原相像"的异质性,所以说,"歧义"在朗西埃看来也是一个具有美学内涵的概念,作为美学范畴的"歧义"重在强调感知与感知之间的冲突,因此,也被美学研究者译作"歧感","歧感"是"感知的呈现与它的解读方式之间的冲突,或者说不同的感知体制和'身体'之间的冲突"③。在文学和艺术之中,可以通过不同的具有异质性元素的拼贴和组合,创造奇特的艺术的表达效果和审美空间,形成不同的审美感受,更重要的是可以达到朗西埃所要追求的平等,因此,也被他称为是一种增补的行动。朗西埃曾认为在感觉和理解之间存在另外一种关系,一种增补,它同时揭示和中立了感知核心的分割。让我们把它称为 Dissensus。Dissensus 不是冲突;它是对于感觉和理解之间的正常关系的扰乱。正常的关系,用柏拉图的话来说,就是好的支配差的。在这个游戏中,位移的扰动只是差的反抗好的,比如,欲望的民主阶级歧义反抗智识的贵族阶级。在这种情况下不存在歧

---

① J. Rancière, *The Politics of Aesthetics*: *The Distribution of the Sensible*, Translated by Gabriel Rockhill, London and New York: Continuum Press, 2006, p. 63.

② [法]雅克·朗西埃:《图像的命运》,张新木、陆洵译,南京:南京大学出版社 2014 年版,第 11 页。

③ J. Rancière, *Dissensus On Politics and Aesthetics*, Edited and Translated by Steven Corcoran, New York: Continuum International Publishing Group, 2010, p. 139.

见，不存在对于游戏的扰动，只有当这种对立本身被中立的时候，才存在歧见。正因为有"歧见""歧感"，才有了艺术和审美领域的"歧感"，才能使得可感性充分分配，划分出可见与不可见，可说与不可说，可做与不可做，有了划分才有对"不等的"认识。"公正不是秩序的分配，而是秩序的废除，是任何一种壮观的焰火。"① 正因为现代艺术具有这种天然的异质性，使得不同元素都可以融入到艺术的范围内，从而重新实现对人的感觉的划分，对感性多样性的体察和感受，使得各种多样的、差异性的、丰富的感性元素融入到艺术之中。诚如朗西埃所说："艺术，是作为一个独自的世界而存在，它欢迎任何事物的到来。"② 在说到影像艺术时也曾论述过，"可说物与可见物之间，可见物与不可见物之间某种关系的体系"③，使得艺术不再只是对传统的静观视域之下，那些伟大的、宏大的、历史的、总体性的对象的再现和表现，而是可说物、可见物、可感物之间的关系体现，是要使得异质的元素，使得各种丰富的异质元素所创造出的"歧义"和"歧感"冲破体制的限制，冲破既定的感性和感觉结构，创造新的审美对象，产生新的审美感受，形成新的审美效果。

二、事件—症候性

从德里达宣布"事件到来"开始，在后现代性的视域内，事件思维已然形成。西方后现代主义哲学家认为，传统的形而上学的"历史时间"是对历史的遮蔽，理性的叙事话语模式使得历史的真实事件总是被排除在历史之外，使我们无法真实地面对历史。

----

① ［法］雅克·朗西埃：《文学的政治》，张新木译，南京：南京大学出版社2014年版，第133页。

② ［法］雅克·朗西埃：《美感论：艺术审美体制的世纪场景》，赵子龙译，北京：商务印书馆2016年版，第3页。

③ ［法］雅克·朗西埃：《图像的命运》，张新木、陆淘译，南京：南京大学出版社2014年版，第16页。

(一) 事件的发生

朗西埃在《历史之名：论知识的诗学》开篇就这样说道："所谓历史，就一般意义而言，是一系列事件经由专有名词普遍指定而成为主体（sujets）。"① 而且，朗西埃还进一步说，一场历史科学的革命的主要目标就是"废除那些重大事件及专有名词的优先性，为了彰显那些长时段与无名之辈的革命……历史的特性就在于，总能够太是或太不是个故事"②。这就是说，朗西埃认为，历史本身就是事件和故事，因为历史是由事件和故事组成的，因此历史思维中应废除那些重大的、宏大的词汇和人物，应给予无名之人以历史空间。

可以说，作为后现代性对于传统西方哲学总体的历史思维的批判，"事件"思维成为后现代性的一大典型代表。显然，朗西埃受到了德里达和福柯的影响。德里达在谈到历史、事件与解构的关系时曾说："解构就不仅仅要求关注历史，而且从历史出发一部分一部分地对待一个事物。这样的解构，就是历史。解构全然不是非历史的，而是别样地思考历史。解构是一种认为历史不可能没有事件的方式，也是我所说的'事件到来'的思考方式。"③ "事件到来"告诉我们，历史只能是事件的历史，事件组成了历史，"没有事件就没有历史和未来"④。

"事件"思维就是谱系学在历史研究上的方法表现。福柯曾说："事件，由此不应被理解为一个决定、一部条约、一个王朝或一次战斗，而是对立的力量间的关系，是被攫取的权力，是重新任用的、反对它的使用者

---

① [法] 雅克·朗西埃：《历史之名：论知识的诗学》，魏骥德、杨淳娴译，上海：华东师范大学出版社2017年版，第1页。
② [法] 雅克·朗西埃：《历史之名：论知识的诗学》，魏骥德、杨淳娴译，上海：华东师范大学出版社2017年版，第2页。
③ [法] 雅克·德里达：《德里达中国讲演录》，杜小真译，北京：中央编译出版社2003年版，第68页。
④ [法] 雅克·德里达：《德里达中国讲演录》，杜小真译，北京：中央编译出版社2003年版，第69页。

第二章 审美的发生：微观生命的彰显

的词汇，是衰落、松动、败坏了的统治，是戴着面具登台亮相的他者。在历史中起作用的力量既不遵循目的，也不遵循机械性，它只顺应斗争的偶然性。"① 巴迪欧更是在存在的层面上来界定"事件"，并将其作为探讨"真理"的一种方式。巴迪欧认为真理是后事件性的产物，而哲学的目的就是把握真理性的事件，它们的新奇和转瞬即逝的轨迹。相对于真理来说，事件是时间上在先，逻辑上在先的，因此，事件必定是真理得以总结和出现的必备条件，只有事件和事件的发生，才能给真理的总结提供前提，如果没有感性的事件，就不会总结出理性的客观真理，其实巴迪欧就是借鉴了欧洲近代认识论之后对人的感性认识和理性认识的研究成果，并且将其进一步发展而来的。

朗西埃对事件和历史的关系也有同样的表述。"历史，终究被认为只有一种且永远不变的结构——发生于诸般主体身上之一连串的事件。我们或可选择不同的主题：王权的更迭、社会阶级……要去命名主体，去将它归属于状态、情感、事件。"② 朗西埃认为，除了将一连串的事件归因于各种主体，才是历史该做的事，除此之外，书写不成任何历史。朗西埃将历史的这种"事件"思维也称之为哥白尼革命。但在传统的历史之中"由于在我们名之为的历史事实中，当然，在正统与异议之间的疏离对立采取了一个宗教法庭与异端无情的对立形式"③，也就是传统的历史观总是将"异议"的"事件"排除在外的。

朗西埃将"事件"思维应用于美学研究领域也是对如苏珊·朗格等精英思维的一种批判的表现。苏珊·朗格认为尽管现代人都能够自由阅读、去博物馆、听音乐、品味着鸡尾酒，这样就使得大众跟文化人得到一样多的审美愉悦。苏珊·朗格的这种思维模式依然在建构着现代主义文学艺术

---

① 杜小真：《福柯集》，上海：上海远东出版社2004年版，第157页。
② [法]雅克·朗西埃：《历史之名：论知识的诗学》，魏骥德、杨淳娴译，上海：华东师范大学出版社2017年版，第3页。
③ [法]雅克·朗西埃：《历史之名：论知识的诗学》，魏骥德、杨淳娴译，上海：华东师范大学出版社2017年版，第150页。

所制造的康德传统的"愉悦"秩序,将简单的感官经验的肤浅快乐排除在伟大的和高雅的艺术范围之外。与此正相反的是朗西埃的理论是如费瑟斯通和韦尔施所强调的"日常生活审美化"一样,具有事件和平民意味的,朗西埃致力于打破传统的美学和艺术是贵族和精英者才能欣赏和创造的思维模式,尤其针对传统思维中只有高贵和和谐的、有身份的人、属于历史的宏大叙事范围内的事才能纳入艺术体系之内,试图将现有秩序中的不可见、不可听、不可说,也即"无分之分"者纳入艺术和审美的范畴。诚如朗西埃说:"在事件的层次上,穷人的话语是盲目的,因为对他们来说能够发言就是个事件。他们'热切渴望'书写,为他者发言,讲讲他们自己,此种渴望是这些做了没有场所去做之事的人们常有的缺陷,穷人说错话是因为他们没有说话的场所。"① 朗西埃认为以柏拉图为代表的西方传统哲学,将穷人比喻为知识的对立面,朗西埃也将其称之为大众。朗西埃还将这种"事件"的发生形容为"一个原本高大的身体的破裂,以及崭新的身体从碎片中的诞生和叠加"②。

按"事件"的发生逻辑,朗西埃认为美学就是与各种事件密切相关的。朗西埃认为布尔迪厄在《区隔》中所说的老妇人的粗糙的、充满褶皱的手,之所以看来是美的,那是因为这张老妇人的照片符合了中产阶级或小资产阶级平民的审美需求和审美要求。这就是朗西埃所关注的,不一定是美的和谐的事物才能够被再现,也不一定是高贵的事物才能够被展现,朗西埃说"自亚里士多德以来,在现实生活中丑陋和令人不快的某种事物,人们却可以为其艺术再现而感到高兴"③。朗西埃在分析法国现代诗人马拉美诗歌时也曾说过,现代诗歌的模仿原型已经不在了,取代模仿的原型的是各种"事件","取代可资模仿的模型,是散落在粉尘中的需要被抓

---

① [法]雅克·朗西埃:《历史之名:论知识的诗学》,魏骥德、杨淳娴译,上海:华东师范大学出版社2017年版,第8页。
② [法]雅克·朗西埃:《美感论:艺术审美体制的世纪场景》,赵子龙译,北京:商务印书馆2016年版,第4页。
③ [法]雅克·朗西埃:《美学异托邦》,蒋洪生译,见汪安民、郭晓彦主编:《生产》(第8辑),南京:江苏人民出版社2012年版,第198页。

第二章　审美的发生：微观生命的彰显

住的种种显像：不是事物的形式，而是事件，是事件—世界的瞬间，只要稍加注意，就会发现它们存在于所有日常景观中"①。朗西埃借助这个表述，意在说明，现在美学或者说当代美学已经不同于古典美学的模仿说，艺术已经不再有所谓的"原型"和"典型"，因为任何"事件"都可以成为现代艺术表达的中心和核心，"原型说"和"典型说"已经受到了解构和冲击。

其实，"事件"思维在美学领域的体现一直是隐藏于传统现代美学体系之中的，只是经过后现代的思维而被充分地挖掘出来。比如，从黑格尔开始就认为严密的等级秩序已经逐渐被打破，现代艺术的等级传统已然遭到后现代艺术的击溃，平凡的事物也能被美的艺术所再现。黑格尔在他的《美学》中就有很多这样的例子，"在同样意义上，缪里洛德《乞儿们》（藏在慕尼黑的中央画馆）也是很卓越的。从外表看，这幅画的题材也是很平凡的。一位母亲正在骂她的一个孩子，而他却安然地吃他的面包。在另一幅类似的画里两个衣服破烂的穷孩子在吃西瓜和葡萄。但是这些半裸体的穷孩子浑身都流露出一种逍遥自在，无忧无虑的神气，没有哪个行乞僧能显出这些穷孩子那样的健康和热爱生活的感觉。这种外在世界的无沾无碍，这种流露于外表的内心的自由，正是理想这个概念所要求的"②。黑格尔之所以描绘这样美的画面，其实还不只是以等级的观念推演开的阶级的趣味使然，更在于这是一种具有"事件"意味的感性的再现，也即朗西埃所说的可感性的分配。朗西埃在《美感论》中也如此说："本书将揭示出一种认可艺术、感悟艺术、阐释艺术的体制，视如何成立，如何转型，如何将那些看似与高雅艺术的理念最为抵触的影像、物品、表演一并纳入其中，诸如：民俗画的粗俗人物，自由诗所赞颂的最凡俗的活动，杂耍戏院的特技和小丑表演，工厂厂房和机器节拍，机械设备所复制的火车和航

---

① ［法］雅克·朗西埃：《马拉美：塞壬的政治》，曹丹红译，开封：河南大学出版社2017年版，第34页。
② ［德］黑格尔：《美学》（第1卷），朱光潜译，北京：商务印书馆1979年版，第217页。

船尾烟,一反常规对穷人生活用品的列举"①。并且,这些异质性的事件和事物的加入并没有使得艺术和美学衰退,反而使得艺术和美学获得崭新的意义和内涵,他说"艺术绝没有因为平常事物的加入其中而衰退,相反,艺术在不断的自我更新,带来改变"②。朗西埃认为,这就显现了现代美学或者说当代美学本该有的一种美学思想,那就是美究竟是什么?什么是美的?艺术具有怎样的功能?艺术究竟该表达和再现什么?在朗西埃看来,任何微不足道的"事件"都可以成为艺术表达的范围,而不再局限于宏大的、历史叙事,"一种核心思想刺激着这种美学:无论什么事物都可以是美的,只要能够在事物之中激发无限……对于任何微不足道的事物,任何无关紧要的故事——有关咖啡的对话、农业大会的发言或外省的通奸故事"③,这充分体现了朗西埃的"事件"思维和"歧义"思维,这种思维就预示着和暗含着朗西埃美学的政治维度,其"平等"思维显现其中。这些都是为其平等理论所进行的铺垫,只有任何人、任何事都可以纳入到艺术的表现范围,才有真正的感性的重新分配和平等可言,才能使得以往被艺术排除在外的平民大众得以在艺术之中获得平等的可能。

(二) 奇点的闯入

朗西埃认为,我们不该只是从历史之中获得教训和解释,而是要更多地保有一种对"奇点的警觉"(a vigilance toward the singular)。朗西埃的"奇点"(singularity)的提出,依然是针对西方传统哲学,尤其是目的论传统对必然性的追求及对偶然性的排斥而言的。

西方哲学自古希腊以来的目的论传统,具有追求必然性的特点,认为

---

① [法]雅克·朗西埃:《美感论:艺术审美体制的世纪场景》,赵子龙译,北京:商务印书馆2016年版,第3页。
② [法]雅克·朗西埃:《美感论:艺术审美体制的世纪场景》,赵子龙译,北京:商务印书馆2016年版,第3页。
③ [法]雅克·朗西埃:《马拉美:塞壬的政治》,曹丹红译,开封:河南大学出版社2017年版,第56页。

第二章 审美的发生：微观生命的彰显

偶然性的是易变的、不真实的、不值得信赖的，因此，偶然性不能构成真理，真理一定是具有必然性的。从古希腊早期的赫拉克利特、德谟克利特开始，就将必然性绝对化，苏格拉底、柏拉图、亚里士多德的目的论总是将一切合目的性的东西认为是必然的，反之是偶然的。中世纪经院哲学更带有神学目的论，神的意志支配一切是必然的，人的活动和存在就是偶然的，托马斯·阿奎那认为现存的事物只是可能的事物，只有神的意志才是必然的存在。随后近代启蒙哲学、德国古典主义哲学，几乎都是坚守着必然性的旗帜。黑格尔辩证地探讨了必然和偶然的关系，但其最终也认为科学的任务还是要从偶然性中去认识必然性。

朗西埃的"奇点"正是与传统哲学之中的"必然性"相悖的，强调了偶然性的价值。朗西埃从政治学角度运用和发展了西方"偶然性"概念的内涵，制造了"奇点"哲学。与传统的政治理论和历史观相反，朗西埃尤其批评了自由政治理论和其社会科学，认为自由政治理论强调的就是对秩序、结构、特定的层级所做出的承诺，目的就是为了保证政治的稳定性。朗西埃是一位与资本主义社会的自由政治相抗衡的理论战士，他认为的政治，永远都是"讶异"的，是偶然的，是充满惊讶的，对"奇点的警觉"就是要求我们要有识别"事件"（something is happening）的能力，要用"讶异"（singularity）的反应来找出"因果颠倒"（post hoc）逻辑的错误所在，分辨出"事件"发生的真正关系，是否时间上发生于其后就必然是其结果？如果未来的"事件"只是基于过去的"事件"，并以因果关系或因果律来预见的话，那就永远不会有"讶异"产生了。朗西埃批判了西方自由民主政治是一种"补充模式"，自由主义利于群体通过谈判、协商，通过类似微积分运算的方式，形成没有"余数"的空间社会，"所谓的共识体系是被意见以及被权利决定的体制，此两者结合起来且一同被提出来，作为共同体不留余数并与自身等同的体制"[①]，不留"余数"使得人人被纳入共识之中，因而也就造成了一个没有"讶异"的世界，"这些政

---

① ［法］雅克·朗西埃：《歧义：政治与哲学》，刘纪蕙等译，西安：西北大学出版社2015年版，第134页。

治理论的公理是没有什么令人惊讶的"①。

朗西埃"奇点"理论也是受到了德里达"事件"思维的影响而来。德里达认为"事件"是不能确切预测和计划的,"事件"的到来就是一种"惊讶","事件"是落在我们身上的,如果能够实际预测的事件就不是真正的"事件"了,而是计划好的、有规划的和可见的,一个事件之所以是"事件",一定是它超越了算计、规划和期望的。"事件"的"事件性"就在于其不可能性,"事件"不断使我们对抗可能。也就是说,"事件"是充满"讶异"和"偶然"的。这也是朗西埃将偶然的事件纳入艺术之内的原因,将偶然与审美结合的结果就是,艺术和美学具有了平民化的色彩。具有"奇点"性质的偶然事件能够得以进入艺术领域,正是后现代艺术和当代艺术与传统艺术的不同之处。后现代性和后现代艺术也具有不确定性、间断性、多元性和游戏性等特征。朗西埃的"奇点"也如同后现代主义的特性一样,具有超越表层和同一,追求多元和差异的特点。当代艺术的特点是,虽然一切艺术品的共同点无法找到,在一些差异悬殊的艺术品之间寻求相似的努力都颇有成效,朗西埃认为正是因为"奇点"的存在使得当代艺术无法找到共同点。

这里要注意的是,朗西埃理论中的"平等"(equality)并不是"共识"和"同一",他的"平等"不等于"相等"(equivalence)。"平等"与"相等"是不同甚至是相反的理论逻辑,平等是把"一"化为"多",相等是把"多"化为"一",平等坚持的原则是"奇点"(singularity)或"偶然性",而相等坚持的原则是"普遍性"(universality)或"同一性"。"平等"是以不同为基点,将众多纳入同一之中,这也是朗西埃的"平等"原则与哈贝马斯等的"共识"原则的不同之处,朗西埃认为"共识"原则追求的就是将"多"化为"一",追求同一和共识。而"平等"原则中,朗西埃说的"一"不是集体性的结合,而是任意的"一"和"他者"之间的平等和可能性。可以说,朗西埃所说的平等是基于不平等而言的,或

---

① J. Rancière, *Chronicles of Consensual Times*, Trans. by Corcoran S, London and New York: Continuum, 2010, p. 12.

者说是在不平等的起点上来祈求的一种平等。"平等的特征与其在于总体化，不如说在于去类别化、消解秩序所设定的自然性，而代之以分化所带有的纷争的意象。它是不连续的分化的力量，并且总是重新开始。"①

三、历史—断裂性

结构主义之前，柏格森的"绵延"理论在理论界占有一席之地，但到了20世纪中后期，"非连续性""断裂"思维日渐突显，福柯在《知识考古学》中认为，过去思想家面对一种观念和思想总是按照线性的逻辑来描述其连续的、同质的事件，但福柯指出，思想发展中最真的东西，恰恰是话语的断裂。阿尔都塞和他的老师加斯东·巴士拉（1884—1962）都坚持断裂说，认为"认识断裂"是科学发展中最重要的规律。阿尔都塞也认为暂时性是文化形态的本质属性，真正的历史不能在只须分阶段和切割的线性时代意识形态中阅读，而是具有固定的、极为复杂的暂时性。没有断裂就没有再生，阿尔都塞关注的并不是"断裂"本身，而是"断裂"的根据和意义。他希冀于从无意义中拯救现实，追求事件背后的意义。

历史的逻辑是西方传统的哲学及美学共有的逻辑。艺术、美学的演进过程遵循着历史的线性的知觉与感觉的流变机制，各种传统的艺术形式逐渐地被下一个阶段的艺术形式所超越和取代。古典美学、近代美学、现代美学的逐级和逐层发展是不可否认的历史进程。

为此，朗西埃也曾说："历史这个生动又喋喋不休的时代要是明白可解的，唯有当它仅仅相系于几近不动的时代，这些宏大持久性的空间化时代。通过这种历史性的时间，历史的意义就这样形成了，历史性的空间首先就是一个象征空间，一个作为意义生产者的时间铭刻表层。"②

---

① ［法］雅克·朗西埃：《政治的边缘》，姜宇辉译，上海：上海译文出版社2007年版，第29页。

② ［法］雅克·朗西埃：《历史之名：论知识的诗学》，魏骥德、杨淳娴译，上海：华东师范大学出版社2017年版，第169页。

但后现代主义不再讲历史的、逻辑的，而更注重断裂的产生。朗西埃也坚持了这样的观点，他继承了福柯对此概念的理解。福柯在他的知识考古学的体系之下也提出了"断裂"的概念。在《规训与惩罚》中，福柯对惩罚的历史进行了考古学的分析，发现惩罚从早期的身体的折磨到现代的再教育，而再教育的目的却是把人们塑造成驯服的主体，这种再教育是以一种更隐蔽的方式形成了更为普遍的惩罚和驯服。在福柯看来，这种知识型是制约话语生产、视觉安排及其交互性形式的隐秘的规则体系，作为一种历史分析的形式，它强调话语和视觉实践的不同时期之间存在的断裂。

朗西埃的方法与福柯有些类似，但与之不同之处在于，福柯的考古学遵循的是历史必然性的模式，在一特定的断裂之外，那些不可想象的知识就不可能得以表现。而朗西埃努力把超验历史化，把这些可能性的条件体系去历史化。这就是朗西埃"断裂"的意义和价值，在裂缝之中寻求意义。所以，朗西埃说："我与福柯不同，因为在我看来福柯的考古学似乎遵循一种历史必然性的模式，根据这种模式，在一次断裂之后，有些事物是不再能被思考的和不再能被阐述……因此，我试图建构同是历史化超越性和去历史化这些可能性条件的体系。"① 在对法国诗人马拉美的研究过程中，朗西埃提到过世纪的断裂，世纪只是一个世纪的观念，朗西埃认为观念的意思是，世纪不再是一个线性的时间性的概念，而"首先是与前一个世纪，与启蒙时代，与大革命的决裂。第二种方式，应该在旧秩序的废墟上，建立一个新共同体的各种关系"②。朗西埃在这里阐释的"断裂"，就是两个层面的意思，一个是与历史线性的断裂，一个就是与既定秩序之间的断裂，这种断裂也可以算是一种"决裂"，决裂于西方理性哲学与逻各斯中心主义的传统。

与他的"歧义"概念一脉相承的是，朗西埃认为历史并不是绝对线性

---

① J. Rancière, *The Politics of Aesthetics*: *The Distribution of the Sensible*, Translated by Gabriel Rockhill, London and New York: Continuum, 2006, p.50.

② [法]雅克·朗西埃:《马拉美：塞壬的政治》，曹丹红译，开封：河南大学出版社 2017 年版，第 73 页。

第二章 审美的发生：微观生命的彰显

的运动方式，历史充满着偶然、"奇点"和"断裂"，"断裂"就来源于"歧义"的打乱。他反对一种绝对的因果关系，如果认为时间上发生在其后的必然是之前事件的结果，这只是时间上的先后却会造成一种逻辑上的谬误。如果永远遵循历史的必然性的逻辑，那将永远不会有"歧义""歧感"的产生，永远不会有"讶异"存在。按朗西埃的逻辑体系来说，那也就不会有目前人类社会如此五彩斑斓的审美世界和丰富多彩的文化世界。朗西埃认为历史没有绝对的因果关系，而是充满着令人讶异的"奇点"（singularity）。历史观也必然是断裂的、"非线性的"。

在朗西埃看来，断裂是源于时间和秩序之间的断裂，并发生在以下两个层面，第一是语言和知识的断裂；第二是深度和逻辑的断裂。

第一，语言和知识的断裂。朗西埃认为断裂是发生在语言学内的，语言的能指和所指与事物的现象及本质之间是非逻辑联系的、断裂的。朗西埃吸收了语言理论中的知识观，认为在语言和知识之间并没有一条直线，因为语言是"任意性的"，"知识不是讲述出来的"，知识是完整的，而语言是碎片化的，知识是必然的，而语言是任意的，语言具有随意性和任意性。现代语言学中的意念主义者认为，语言形式和其所指的事物之间不存在直接的联系，而是相反的，在其意义的解释中它们是通过大脑中的意念冥想才发生联系的。朗西埃在其政治学、美学之中都说明了语言的任意性。语言并不能指涉其背后的知识及意义，语言就是充满断裂的。朗西埃曾在《文学的政治》中说明，"文学是写作艺术与所体验经历的一种特殊制度的实际割裂……文学也是写作艺术的丧事，它让自己处于其丧事的符号下。因为文学与之决裂并且永不回归的那个过去，它的确也是文学，是创造了过去的文学，它将过去创造成言语和生活的失去的连续性，赋予文学自身的分离活动意义"[①]。

第二，深度和逻辑的断裂。相对于阿尔都塞症候式的"深度解释学"（hermeneutics of depth）的思维方式来说，朗西埃是一种"地形学分析"

---

① ［法］雅克·朗西埃：《文学的政治》，张新木译，南京：南京大学出版社2014年版，第205页。

（topographical analysis）的思维模式和研究方法。"深度解释学"是一种阐释学的模式，认为意义存在于文本、政治或者艺术里面。因此，不是所有人都能看懂文本、政治、艺术表面下的"意义"和"真理"，这样无形之中就必然需要阐释的权威，能够揭示出意义和真实给那些看不懂的人。而朗西埃的"地形学分析"不再区分事物的表面和深度，不再有表面背后的"意义"，认为事物有且仅有表面，这样表面的世界，是一个经验的世界，是可以被共享的感知的世界，事物自身就具有这种可被感觉共享的能力和性质，不需要权威的阐释者去赋予其他的意义和价值。

可以说，朗西埃的思想是对西方逻各斯中心主义传统的反叛，是对西方自古希腊以来理性哲学和主体哲学所倡导的精英主义理论范式，典型的表现就是理性中心主义和语言霸权。逻各斯中心主义范式把人的本质抽象为理性或抽象的人，反对和摒弃非理性的、感性的、身体的、偶然的、异质的、断裂的因素，讲求至高无上的善，整齐划一的美，将人的最本真的需求从现实生活之中隔离出去，忽视了人自身生命的丰富性、多样性、可能性的维度。

总之，在朗西埃看来，真正的审美就发生在这样充满"歧义"和"异质性"的微观感性层面之中，将具有异质性的感性的偶然之物，以感性的丰富性表现于现实之中。

第二节 从主体到生命的显现

自古希腊哲学始，西方哲学就有一种倾向，将灵魂凌驾于身体之上，将精神、灵魂、理性视作高于身体、生命、感性的。对人的生命、身体、感性、欲望的压制被现代尤其当代哲学家们所重视和重新运用，以尼采宣告"上帝死了"为标志开始，是向西方哲学和神学长久以来对人的生命压制所发出的第一声怒吼，做出的第一个反抗。朗西埃在现代哲学语境背景之下，将人的感性的生命作为人的本质的规定性，更加重视人的生命的隐性构序及生命本身所具有的审美意义和价值。

一、生命的桎梏

自古希腊哲学始,西方哲学和思想史上,长久以来占据着权威地位的是灵魂说、精神说、形而上学说,将身体与灵魂对立,将灵魂凌驾于身体之上。苏格拉底面对死亡时无所畏惧的底气就来自于古希腊哲学对身心和精神与生命之间关系所形成的分裂,苏格拉底说:"死亡不过是身体的死亡,死亡就是让身体消失,灵魂就可以摆脱身体而独立存在。"这种身体和灵魂二元分立的观点,就成为荡漾在整个西方意识哲学及神学传统之中的核心所在。身体是瞬间的,肉体是低级的,灵魂是永恒的,精神是高级的,唯有灵魂才能通达智慧和真理。

柏拉图的理念论将灵魂和精神推到至高的位置。柏拉图将世界分为现实的世界和理念的世界,理念的世界是比现实的世界更真实的,是真善美统一的最高的世界。正因为对理念世界的追求,使得柏拉图对他的理想城邦之中的人也进行了严格的等级分类,在《理想国》之中,城邦之善高于人之善。为了维护城邦之善和他的理论体系,柏拉图还对人的天赋和构成材料进行了一种比喻,"神对某些人掺入了金,对某些人掺入了银,对日后做工农的人们掺入了铜铁"①。柏拉图描绘了理想城邦的人员构成,由此提出了"哲学王"作为掌管城邦命运的掌权者,因为在他看来"哲学王"才是最具有理性和智慧的。而作为城邦最底层的就是普通的公民,他们不但不能保护城邦,被认为是只有人类的低级欲望,是要被柏拉图驱逐出理想国的,也就是他的经典神谕"铜铁当道,国破家亡"。在这里,柏拉图用"哲学王"代表灵魂、精神和理性,而普通公民代表的就是身体、生命和感性。柏拉图把灵魂置于身体之上,灵魂是身体的主宰。

这一思想在中世纪神学对人的自然欲望的桎梏中被发挥至极致。人的

---

① [古希腊]柏拉图:《理想国》,郭斌和译,北京:商务印书馆2002年版,第128—129页。

生命和身体是宇宙中最卑微的、短暂的元素，灵魂、上帝才是永生，现世的都是罪孽，来世才是希望。这也是西方基督教神学的原罪说，人生而有罪。基督教神学所宣扬的原罪说、禁欲说等对人的摧残极其残酷，在那个上帝主宰一切的历史时刻，人的生命都是罪恶，人的身体都是蝼蚁，人的生命的欲望和激情都要无条件地服从于神、上帝。

人类在经历了长达千年的中世纪的黑暗禁锢之后，文艺复兴和宗教改革，成为人类史上具有时代意义的两项重大事件。文艺复兴和宗教改革打破了中世纪神坛，将人拉回到现实世界，而不是在遥远的神的世界。但是，自笛卡尔的身心二元论以来，人又一次被撕裂成精神和肉体、意识和物质、理性和非理性的斗争，在这样的分裂之中，人并无完整的生命。近代西方认识论哲学又沉浸在理性对感性、信仰对身体、知识对欲望的掠夺、压制、剥夺之中。文艺复兴和宗教改革的结果，使得启蒙带来了对人的另一种禁锢，理性成为主宰人的又一哲学工具，人的身体和感性的欲望又一次陷入了理性控制的泥潭，长达两百多年之久。在启蒙开启的理性时代，人们对于知识、科学、技术的乞求和渴望，对人的认识的界域的扩张，使得人的身体、生命和感性完全被埋没在理性之中。理性占据了绝对的上风，成为代替宗教对人的生命的又一禁锢。

二、生命的隐性构序

尼采之后的整个现代哲学体系之中，关于生命、身体、感性、欲望的张扬，随处可见。福柯的生命政治学，使得身体的欲望和感觉隐约显现，身体逐步在精神性的观念和思想之中占有一席之地，并日渐凸显；萨特的现象学将身体视为身心统一的"第三维度"；罗兰·巴特曾说，我和你的差异就是"我的身体和你的身体不一样"；被看作与尼采很相像的当代哲学家德勒兹，他直接批判了弗洛伊德的"力比多冲动"所导致的人的身体所带来的罪恶，成为了拯救人的身体的勇士。

第二章 审美的发生：微观生命的彰显

（一）生命的解放

人作为感性的生命的存在，首先是感性的、身体性的，同时又是充满理性的。人是宇宙生灵之中感性与理性的真实统一的独特存在，"感性与理性的关系问题实际上与身心问题是一个问题的两面。因为，在主客二元论中，心被认为是内在的理性意识，而身体被认为是感性的肉体或躯体。人既不是抽象的理性意识，也不是感性的躯体，而是二者的统一。"[①] 但在西方理性哲学传统之中却忽视了人的感性，片面高扬人的理性。

尼采对意识哲学、主体哲学、形而上学传统和理性主义传统发起挑战，他开创了西方思想史上非理性主义的思潮，于是由尼采所影响的西方世界，发生了翻天覆地的变化，文学、艺术、思想界都变得五彩斑斓、花团锦簇。尼采宣告"上帝死了"，于是人在这个时刻复活了；尼采批判理性主义，于是非理性思潮在人的世界开始了。在《查拉斯图拉如是说》中，尼采大谈特谈"身体""生命"，他认识到"自我"就是生命意志，而"生命意志"就是"权力意志"和"超人"应该具备的一种权力。尼采对身体回归的呼唤在哲学史上具有重要的时代意义，结束了身心二元分裂以及严重压制身体的宗教神学、唯理论的时代，开启了西方现代浪漫主义、非理性主义以及生命哲学、身体美学等思潮的先河。

在对人的生命的解放过程中，福柯功不可没，并成为朗西埃思想的直接来源。《词与物》中，福柯认为现代人的标志就是，人是"说话的、有生命的和劳动着的人"，他从身体、生命出发构造了他的谱系学，福柯认为身体上铭刻着人类的历史，身体是被权力控制和规训的被动的身体。通过知识历史学的考古分析，福柯认为人性是历史的，现代人是被权力奴役和牵制的，因此，自由和解放成为了现代人的重大课题，也成为了现代人的悲剧。所以，他提出了"人之死"，身处被宏观的和微观的各种权力的控制之下，人的身体、生命、感性四面楚歌，而更可悲的是人还不能认识

[①] 程金海：《当代西方对话美学思想研究》，北京：中国书籍出版社2012年版，第9页。

到,他们的悲哀来自哪里。所以现代"人已死",现代人是"不得不说话,不停说话的人,换言之,体验或体悟被抛弃"①。人的感性的体验和体悟被抛弃后,人就在西方现代社会伦理和政治所规训的范式之下,变成了合乎一定标准的整齐划一的人,也即马尔库塞所说的"单向度的人"。因此福柯倡导对人的感性的解放和生命的解放。

(二) 生命的隐性维度

身体虽然摆脱了宗教神学和理性的禁锢,尽管从尼采到以福柯和梅洛·庞蒂为代表的身体哲学家们揭露了身体所受到的隐性的权力控制,但仍然没有一条现实的救赎之路,人在西方资本主义的现实社会之中,依然受到各种隐性的压制。朗西埃正是沿着这条批判的道路继续走了下去,他越来越深刻地认识到身体和生命的意义,也致力于研究身体和生命的隐性维度及其价值。

面对西方资本主义对人的微观权力控制,福柯选择了"自我技术"这条自我惩戒的策略。福柯认为面对西方现代资本主义社会之中隐性的生命权力的控制和规训,我们必须要反抗,选择对权力的抵抗就是一种自由的实践活动,福柯的解决办法就是"自我技术",是一种"自拘性",福柯的"自我技术""不需要如同生产客体时所需要的那些物质条件,不需要物质性的工具或手段,它所采取的,毋宁说是一些看不见的技术。也就是说,自身的技术是以隐蔽的形式进行。第二,自身的技术往往与管理其他人的技术、同统治他人的技术联系在一起。"②

与福柯的自我惩戒策略不同,朗西埃选择了一种比较积极的办法和行动——自我解放。朗西埃更为深入地注意到了感性、身体和生命。他从人的身体感性所具有的隐性构序的角度,进行了生命政治哲学的阐发,从关

---

① 刘永谋:《现代人的境遇与解放——福柯人学述评》,载《中国人民大学学报》,2006 年第 6 期。

② 高宣扬:《当代法国思想五十年》,北京:中国人民大学出版社 2005 年版,第 289 页。

第二章 审美的发生：微观生命的彰显

注劳工的身体入手切入到人的生命中最细微的感性层面，并积极地将感性维度建构于其哲学、政治学、美学之中。

在西方社会用权力织就的密不透风的规训网之中，朗西埃接续福柯对隐性身体的发现，形成了他独特的、异质的基于身体感觉构序的美学视域。朗西埃对于身体和生命的研究，始于他年轻时对于法国无产阶级工人档案的考古学研究，在对劳动工人档案的研究过程中，他发现工人阶级并不只是没有知识和文化的体力劳动者，很多工人用业余时间进行诗歌创作、看小说。但朗西埃认为，这种事件在柏拉图《理想国》的等级森严的城邦之中是不可能存在的，因为柏拉图的逻辑是"工匠们只应该待在他们自己的作坊里，因为，他说，工作是不等人的，你不能同一时间里做两件事儿"①。柏拉图"一人只能做一件事"的逻辑将工人的感性创造排除之外。城邦之中的人该说什么，该做什么，都是有严格的等级划分的。朗西埃认为柏拉图的理想城邦就是遵循了他所说的"治安"逻辑，而他所要做的就是要通过"政治"逻辑来打破这种"治安"逻辑，而其手段正是感性、身体、生命的维度，朗西埃认为，虽然柏拉图的哲学政治理论是一个善意的谎言，但在现实生活中的确有些人就像"破铜烂铁"一样不被尊重和认可，朗西埃反对把人的身体归于一种特定的话语体系或者社会秩序之中，他所要反对和打破的就是柏拉图把人的身体打上了出身、地位、阶层、等级烙印的这种精英思维。因而，从感性的身体的微观维度来说，人人都该是平等的，一切的不平等都根源于阶级、财富、权力等感性的肉身之外的附加因素，所以也诚如卢梭所说"人生而平等"，这也是朗西埃为未来社会设定的平等目标的前提。

而且朗西埃在《美感论》中专门用了一章来讨论以舞蹈为表现的身体的艺术，被他称之为新的艺术。他认为身体的艺术除去了肉身的重负，在舞蹈这个新的艺术形态之中，简化为线条和色彩的游戏。并通过"蛇舞"的概念，阐释了对身体美的重视的审美观念，是具有审美感染力的，而且

---

① [法]雅克·朗西埃：《讲、展和做：在政治与艺术之间》，陆兴华译，载《艺术时代》，2013年第32期。

这种艺术不单单是创造了一个舞姿，更重要的是"创造了一个新的身体"，"用一件物质的乐器，创造一个与自身无所相似的可感的情感环境"①。在《贝拉·塔尔：之后的时间》中朗西埃也曾说："电影，它不是一种无言的艺术，但它也不是关于叙述和描写之言语的艺术。它是一种展示身体的艺术，身体通过言说的行动，通过语言对其施加影响的那一方式，在其他的身体中表达自己。"② 朗西埃在对戏剧理论的探讨过程中，也阐释了生命应成为美学和艺术的主体，他说"戏剧不需再讲述行动，而要直接表达生命之力，而且这种生命的成立，必须要丢弃围绕意志、感情、行动、目的的旧逻辑，要让这种生命所需的全面意识投入运作……使得生命得到完全的展现"③，同时，在戏剧里，"生命摆脱了模仿的限制，借用身体活力直接伸张自己"④；在对罗丹的雕塑进行评判的时候，朗西埃也同样认为，罗丹对人体和生命进行了深入的研究才能表现出真正的艺术作品，"罗丹去把握的，就是遍布他视线所及处的生命"⑤。朗西埃认为罗丹的雕塑充分体现了个体化，"罗丹的作品中，有一些手，这些独立的、小型的手，不属于任何身体，却有着生命"⑥，它们都包含着感情和情绪。"罗丹的作品平衡了一个世纪以来三个词之间的张力：身体、生命、行动"，所以，朗西埃说，戏剧的行动和雕塑的表面，都在于表现了生命，他们都基于同样的现实，而且对"生命"下了这样的一个定义，"即这生动的宏伟表面的变动，

---

① ［法］雅克·朗西埃：《美感论：艺术审美体制的世纪场景》，赵子龙译，北京：商务印书馆2016年版，第111页。
② ［法］雅克·朗西埃：《贝拉·塔尔：之后的时间》，尉光吉译，开封：河南大学出版社2017年版，第8页。
③ ［法］雅克·朗西埃：《美感论：艺术审美体制的世纪场景》，赵子龙译，北京：商务印书馆2016年版，第143页。
④ ［法］雅克·朗西埃：《美感论：艺术审美体制的世纪场景》，赵子龙译，北京：商务印书馆2016年版，第144页。
⑤ ［法］雅克·朗西埃：《美感论：艺术审美体制的世纪场景》，赵子龙译，北京：商务印书馆2016年版，第165页。
⑥ ［法］雅克·朗西埃：《美感论：艺术审美体制的世纪场景》，赵子龙译，北京：商务印书馆2016年版，第171页。

而将它扰动和改变的独特之力,就叫做生命"①。可见,朗西埃对人的身体和生命的重视是非常明显的。

三、生命的主体化

朗西埃的生命政治哲学正是在西方现代政治学基础上发展而来的。西方现代生命政治哲学之前,或者说以福柯为代表的"生命主体"之前,西方传统哲学之中,更重视主体的"理性""心灵""意识"等这些先于或者外在于社会历史实践基础之上的一种形而上的抽象规定,即便后期的"意志""无意识""非理性"等也是具有形而上基础的。是没有实际所指的虚无的、看不见摸不着的东西,是脱离了社会历史实践基础的空洞的所谓的主体,并不是有实际意义的真正的主体。尽管近代和现代之初的黑格尔、阿多诺、萨特、阿尔都塞等哲学家已经开始注意到"实践"这一维度,但无论是"异化问题""启蒙辩证法""他人的凝视"和"意识形态"中所衍生的"人性""人的本质""人性的回归"等等,其实都是超历史的先在主体,都不是真正依据社会历史实践的产物。从实践的维度上来说,没有天生的、先在的人或者主体,只有被特定的社会和历史实践所创造出来的人和主体,主体并不是先验的存在,而是在特定的主体化过程中生成的,人不是注定就是哪种主体,而要看什么样的历史和社会条件。就如同尼采所说"凡存在即生成",万事万物的生成都是自己生命的创造,如同福柯认为,现代人是试图发明自己的人。

其实朗西埃所说的"主体"的"主体化"过程,也就是在西方现代生命政治学所对抗的"他者"的历史和实践之中产生的。朗西埃生命政治哲学的核心也是对抗"他者"的问题,反抗微观权力控制,获得人的自由平等和解放。他者问题是现代政治哲学的焦点问题。生命政治哲学所反抗的就是微观的权力控制,福柯、德勒兹、阿甘本等强调这是权力的控制社会

---

① [法]雅克·朗西埃:《美感论:艺术审美体制的世纪场景》,赵子龙译,北京:商务印书馆2016年版,第173页。

所给予和设定的,而拉康更进一步认为现代社会的人受到内部和外部双重"他者"的控制,"我们从一开始就不是自己",而是一个"空心人"。而且,阐述了生命政治的微观控制的根源就是"认同"和"共识",我们自己被泯灭在这种"认同"和"共识"之中。

福柯认为后工业社会根本没有所谓的本质,现代社会造成的人的深层异化正是朗西埃认为的"不平等"的根本来源。面对这样的社会现实,德勒兹认为逃离的唯一办法就是"发疯",甚至是结束自己的生命。朗西埃延续和继承了福柯生命政治哲学思想,但更注重身体化的"感性"的价值和作用,因而更具有平等的独特的理论气质。由此,朗西埃建构了异质的"生命政治哲学"。

朗西埃以"歧义"的力量扰乱既定的感性分配秩序,重新配置可感性的范围,"歧义"制造的"空"(void)是主体得以生成的平等空间,其中涌动的是自由的生命之流。正是从身体的感性维度切入,朗西埃对生命的界定具有了感性的价值,他将"生命"搬上舞台,对感性与可思之联系统一形塑。就如同席勒所言:"美虽然是形式,因为我们观赏它;但是,美同时又是生命,因为我们感觉它。"[①] 在朗西埃看来,生命是感性与感性之间的矛盾、运动、抗衡,是感性与现存的既定秩序的对抗。将生命的维度引入美学和艺术,使得原本被艺术排除在外的感性得以在艺术之中彰显,使得那些无意义的细节和生活融入到艺术的世界,使得美学与生命、感性、生活紧紧相连。可以说,朗西埃认为艺术与生命是同一件事情,在这个层面上,一切感性经验都是平等和彼此相连的,从而构建起他激进平等的感觉共同体。

无疑,朗西埃的主体一定是生命的主体,是感性的主体,是有别于传统哲学秩序下的理性主体。因此,朗西埃的生命主体化建构的过程,也是一个对理性主体"去主体化"的过程。朗西埃认为,理性的主体是在"不平等的共同体"的语境之下的,主体以绝对的地位雄踞于感性之上的。而

---

① [德] 弗里德里希·冯·席勒:《席勒美学文集》,张玉能编译,北京:人民出版社2011年版,第284页。

第二章 审美的发生：微观生命的彰显

朗西埃认为的生命的主体化是要在"平等的共同体"中实现的，只有打破了一切等级的秩序，生命主体获得平等的位置，才不会需要他者来确认自我。因此，朗西埃的生命"主体化"也是一个"去主体化"的过程，"所有的主体化都是去身份化/去同一化，从一个场所的自然状态中撤离出来，是任何人都可以被算入的主体空间的开启"①。由此可以看出，朗西埃的主体就是那些不被共同体所纳入的边缘的"无分之分"的感性生命，这些主体的目标就是在打破既定的感性秩序的过程中完成自身的主体化。朗西埃说："这些真正的英雄与无名的发明者，其受埋没的劳动应当在他们能够说自己语言的地方得到承认，一种适合于这些无名众庶活动的语言。"② 生命的主体化就是重新划分人的身体化的经验的场域，重新主体化的过程实际上就是在社会历史和实践的发展过程中，通过感性的重新分配改变原有的、既定体系内的演说与理解的感性配置。

朗西埃宣称，他无意建构关于主体的学说，它的主体不是固定的，是不断生成的。主体是一直行走在异质空间的变动的主体，是一种"主体性"（subjectivity）或者"主体化"（subjectivization），是一个"居间者"（in-between），"主体是外来者，或者是居间者"，是"一个由中介/居间存有强加给它其本源的共同体，而此一本源乃是奠立在存有与居间或存有本身的居间之上的共同存在"③。这个不断生成和变化着的主体是不断摆脱其所在位置和轨迹的运动的主体，是"行走在并不属于自己的异质的时空中"。

朗西埃特别欣赏法国"都市营地"艺术小组创作的《我与我们》中的"花园之上的九平米"的一个空间装置作品。它设置在人群密集的贫民窟，当地人可以在此体验"独处即共处"的感觉，这是一个人人都可以看到的

---

① ［法］雅克·朗西埃：《歧义：政治与哲学》，刘纪蕙等译，西安：西北大学出版社2015年版，第56页。

② ［法］雅克·朗西埃：《历史之名：论知识的诗学》，魏骥德、杨淳娴译，上海：华东师范大学出版社2017年版，第10页。

③ ［法］雅克·朗西埃：《歧义：政治与哲学》，刘纪蕙等译，西安：西北大学出版社2015年版，第179页。

空间,但是它每次只能被一个人用来独自沉思冥想,"独处"在喧闹的郊区贫民窟,会是一种怎样的感受,朗西埃用了"空"的概念来阐释,"作品中,空的空间是为一个人群的共同体预设的,在这个共同体中,每个人都有能力独处"。"空"是朗西埃政治哲学及美学的一个重要的概念。朗西埃所说的"空"指的是主体得以在社会治安秩序中出现的自由空隙,因此在他的作品中会不断地出现"自由""空""平等""空性"(property void)等概念。因"空"的存在,朗西埃给予了身体和感性以重新分配的空间,使得不可见者、不可听者、不可说者,有了看、听、说的空间场地和自由。使得那些在治安逻辑之中消失在感性秩序之中的"无分之分"者找到了自己的位置。朗西埃认为这个艺术创造了"歧见"的效果,这个"空的空间"给无名的观众创造了一种美学断裂效果。生成的主体能够拒绝同一化和身份的认同,更不是被泯灭在绝对的他者之中,而是要在一种间隙之中,找到真实自己。因此,朗西埃认为的主体是一种作为居间者,"在名字、身份和文化之间"①。这充分表明了朗西埃拒斥本体论的观点和反对本质主义的立场,可以说,朗西埃的主体不是一种如其之前哲学家们界定的客观的存在,而是一种生成中的主体,也就是一种"主体化"(subjectification)。

从"居间者"就会想到人的"主体间性"的概念,但朗西埃的"居间者"与"主体间性"有所不同。"主体间性"强调的是以一个共同的世界为中心,是有着中心与边缘的二分;而"居间者"是两个世界的相遇,是把一个"世界"置于另外一个"世界"之中。朗西埃认为主体是"一种居间者",是一个处于二者之间的,不断运动生成的状态,朗西埃所说的不是一种"主体间性",而是一种居间的生成(being-between),是不断生成和变化的,不断的生成变化意味着是没有名分的、异质的,是有所创新的。

所以,朗西埃的主体并不是以启蒙思想引领的理性的主体,而是受感

---

① [法]雅克·朗西埃:《政治的边缘》,姜宇辉译,上海:上海译文出版社2007年版,第59页。

觉分配机制所支配的身体的感性的主体,而且,这个身体的感性主体是不断生成的。朗西埃的主体化不是身份的同一化,不是对于现有身份和秩序的认同,而是原来没有名分的获得名分,打破密不可分的权力之网。

本章小结

朗西埃发现了当代全球资本主义时代中,人们所受制于的微观权力控制,而且敏锐地意识到,对抗当今如此隐蔽的微观权力的有效方法不是宏观的政策,而应该是一种"平等"的武器,这种平等要从人的最为微观的智力、感受、感觉开始,在这样微观的感觉构境之中,使人的生命得以溢出。因此,朗西埃从"歧义"出发,通过"歧义"及其制造出的"歧感"所具有的审美效果,从宏大的、宏观的历史叙事模式中找到断裂的出口,将具有异质性的、偶然的"奇点"的"事件"纳入艺术和审美领域,以期产生异质的美感,实现对美学和美感的重新分配,创造崭新的丰富的异质空间。朗西埃将偶然的事件所具有的平等的审美价值和意义挖掘出来,将不可见、不可听、不可说的事件融入到艺术之中,从艺术和美中显现那些不被既定的社会秩序所容纳和接受的部分的价值,从而实现审美平等。同时,不断寻求着关于生命的感性价值,身体和语言的意义,企图将一切隐秘的微观控制打破,就是让人们充分地认识到自己的感性的需求和生命主体的需要,在一种动态的不断生成的生命的主体化的过程中,使得各种无名者不断彰显,不断创造出更多的异识成分,并能够在感性的领域之中寻求平等,抗拒权力的控制。

第三章 审美的感受：可感物的分享

面对当代全球资本主义的社会现实，面对资本逻辑对人造成的更深层的精神危机和异化，作为法国当代激进左翼的代表，朗西埃与马克思和马尔库塞一样运用感性话语，从"感性"介入现实、介入政治，提出了"感性的分配/分享"以寻得人的平等、社会的平等，创造一个以平等为基点的理想的现实社会图景。朗西埃与康德、马克思、马尔库塞等人一样，赋予了美学以解放的任务。而且，朗西埃深化发展了美学的概念，美学在他的理论体系中地位发生了翻天覆地的变化，成为他后期研究的重中之重。"美学不是关于艺术或者美的哲学或科学，美学是可感性经验的重构"①。朗西埃将"美学"还原为鲍姆嘉通使用古希腊 Aisthesis 时的词源学之意，提出将感觉和感性重新布局和分配。朗西埃借此认为真正的美学就是可感物之间的重新分布，即可感物的分配格局。在这样的感性的分配格局中，"不可见"可见，"不可说"可说，这也是朗西埃的"无分之分"的思想的根本所在。

第一节 治安—政治的逻辑

"治安"（police）和"政治"（politics）是朗西埃的政治哲学中一对相

---

① ［法］雅克·朗西埃：《美学异托邦》，蒋洪生译，见汪安民、郭晓彦主编：《生产》（第8辑），南京：江苏人民出版社2012年版，第196—212页。

对的核心概念，也是阐释和解释其美学思想的又一重要的出发点。朗西埃所说"治安"和"政治"与传统政治学之中的概念不一样。他认为"治安"就是共同体中各成员各司其职的分配，共同体成员都在"恰当的"位置上，由此一些人就能够参与社会公共事务，一些人只能劳作而被排除在了"可感"的范围之外。朗西埃的"政治"却是与"治安"对立的概念，"政治"的目的就是破坏"治安"的分配秩序，对可感性进行重新分配，让被"治安"排除在外的"不可感"者伸张权利。朗西埃的理论体系之中，"治安"和"政治"都不只是具体的政治学意义上的概念，而是具有了美学的意蕴，基于"政治"的内涵和外延，朗西埃将之与"感性"结合，发展出了他的政治美学体系。

一、治安及其问题

朗西埃为人们区分了他所说的"政治"并不是权力的层面，人们惯常理解的"政治"是朗西埃所言的"治安"。"我首先就有关政治的术语做出简要的解释。人们常常将政治与行使权力和夺权斗争混为一谈。然而，不是仅仅有了权力就有了政治，也不是仅仅有了调节集体生活的法律就有了政治。"[①] 那么这种惯常理解的政治是朗西埃所谓的"治安"，"治安"首先要具有"稳定而同质的共同体所依据的共识结构，包括共享语言、感知结构、伦理习性、社会组织、司法结构以及美学规范，这些稳定的共识结构事先决定了人们参与社会与表达自己的方式"[②]。所以，"治安"所决定的必然就是一种分配的秩序，这种分配秩序直接决定了朗西埃另外两个重要的概念"有分者"和"无分者"，在"治安"的掌控之下，"有分者"和"无分者"各安其位，各自找到一个彼此认同的空间，在其所许诺的

[①] [法] 雅克·朗西埃：《文学的政治》，张新木译，南京：南京大学出版社2014年版，第3页。

[②] [法] 雅克·朗西埃：《歧义：政治与哲学》，刘纪蕙等译，西安：西北大学出版社2015年版，第9页。

"共识"之中维持着一种平衡。

朗西埃的"治安"概念是受到了福柯"管治"概念的影响。福柯认为:"管治与'外交—军事—技术'一起构成了治理技艺得以在权力关系领域展开所设置和倚重的两大政治技术,指的是一整套可以维持国内良好秩序、用好国力以增强国力的方法、法规和技术。"① 福柯的"管治"是一种治理的手段和方法,是一种统治技术。在朗西埃的理论体系之中,"治安"与福柯的"管治"概念相似,它是一套社会约定的秩序,在这个约定的秩序之中,你应该处于什么地位、应该说什么、做什么都是被你所处的位置限制好的。这里也不难看出,朗西埃的这一思想来源也包括福柯的"规训"的概念。但比福柯更突出的地方在于,朗西埃将"治安"概念视为一种感性分配的系统,在这一系统中,每个人都有自己的感知模式和感知方式。但个人的感知模式要服从"治安"的逻辑。

朗西埃将我们传统理解的"政治"界定为"治安",治安"这种运作就在于管理共同体之中的人们的聚集、他们的共识,它建立于对位置与功能进行等级性的分配"②。治安就是对共同体的共识结构秩序的一种遵循,遵循的是一种共识性的逻辑。治安的秩序确定了"有分者"和"无分者",并且治安逻辑在自由与平等的许诺下,为"无分者"制造了一种倒置的错觉,仿佛自己也在平等的逻辑框架之内,其实治安逻辑为"无分之分"者制造了一个无意义的"空",而朗西埃认为,政治恰恰起源于此,"政治起源于一个重大的错误:人民的'空'的自由,在算数秩序与几何秩序之间制造了悬置"③。在朗西埃看来,治安为人民制造了平等的错觉,是需要"政治"去打破和揭示的。

---

① [法]米歇尔·福柯:《生命政治的诞生——法兰西学院演讲系列:1978—1979》,莫伟民、赵伟译,上海:上海人民出版社2011年版,第5页。
② [法]雅克·朗西埃:《政治的边缘》,姜宇辉译,上海:上海译文出版社2007年版,第53页。
③ [法]雅克·朗西埃:《歧义:政治与哲学》,刘纪蕙等译,西安:西北大学出版社2015年版,第33页。

二、政治及其价值

朗西埃明确指出，他所言的"政治"首先一定是一种共同体的范式，他说"必须配置一种共同体（communauté）的特殊形式"，这种共同体是一个新的感性的共同体，他继续说道"政治就是组建一种特殊的经验领域"①。但是，朗西埃认为这种感性的共同体却与"治安"的本质不同，"治安"的逻辑是约定、规定，而"政治"的逻辑是打破。"政治是作为对可感物的分配所进行的纷争性重新构型。"② 朗西埃颠覆了传统的政治概念，政治与权力无关，政治没有特定的场所或者预先确定的主体，政治仅存在于间断性的、缺乏任何总体性原则的行动之中，通过对可感性的秩序的打破，试图重构社会的感性结构和感性图景。在朗西埃看来政治就该是非共识的，"政治"的逻辑不是"共识"的，而是"歧义"的逻辑，制造异质空间。"政治"坚持的是"歧义"的逻辑。"政治首先是某个共同世界的汇合，而一个共同世界，则是可见、可思和可做之间的关系的网络，它是空间和时间、身体和能力的分配。政治是由这一分配引起的冲突。"③ 政治通过一种"异见"和冲突，从而揭示了"歧义"的存在，差异的可能。他举亚里士多德认为人是政治的动物为例，区分出人是会将正义与非正义的理解以一种言语的形式进行比较，而动物却只会表达快乐和痛苦的叫声，他对比了人的"言语"和动物的"叫声"之后说："政治就是一种对抗，以便决定什么是言语或叫声，重新描绘出政治能力借以自我证明的那些感性边界。"④ 所以，政治具有"异质性"、冲破性，是歧义性的一种

---

① [法] 雅克·朗西埃：《文学的政治》，张新木译，南京：南京大学出版社 2014 年版，第 4 页。

② [法] 雅克·朗西埃：《政治的边缘》，姜宇辉译，上海：上海译文出版社 2007 年版，第 5 页。

③ 蒋洪生：《作为剧场的政治和艺术》，载《艺术时代》，2013 年第 4 期。

④ [法] 雅克·朗西埃：《文学的政治》，张新木译，南京：南京大学出版社 2014 年版，第 4 页。

差异的可能。

朗西埃批驳了柏拉图在《理想国》中所指出的,那些手艺人没时间去做他们的活计以外的事情,他们被排除在可以"政治"的可能性之外,因为柏拉图已经设定了这个固定的秩序,让人们去工作和生活。所以这并不是朗西埃所希望的,他极力地想为这些柏拉图所言的下等人和平民找到一个位置,朗西埃说:"平民之所以不会说话,则是因为他们没有名字,不具备话语,亦即,在象征上不被纳入城邦的存在。平民们过着一种纯粹个别化的生活,除了生命本身之外,无法为后世留下任何东西,而其生命也仅止于生殖能力。"① 他认为治安秩序中的平民是没有话语机会的,不被纳入城邦秩序之中的,所以,就要通过政治的能力去打破治安的逻辑,实现新的感性分配。"政治"也因可"感性的重新分配"产生了"歧感"(dissensus)的效用,因为它是一种"异识"的形式。朗西埃认为:"政治不是治理共同体的艺术,它是人类行为的一种异议(dissident)形式,对于集合与领导人类群体所依据的那些规则来说,它是个例外。"② "歧感"是"感知的呈现与它的解读方式之间的冲突,或者说不同的感知体制和或'身体'之间的冲突"③,正因为有"歧感","歧感"的效用正在于对可感性分配所进行的扰乱,才能使得可感性充分分配,划分出可见与不可见,可说与不可说,可做与不可做,有了划分才有对"不等的"认识。在这样的政治之中,可以打破传统的感知的不平等,"预设了一种破坏前面那种分配方式的不平等分配,组织另一个让平民可以如同贵族一般地言说的感知空间"④。朗西埃想要实现一种崭新的政治空间,在其中平民可以拥有自己

---

① [法] 雅克·朗西埃:《歧义:政治与哲学》,刘纪蕙等译,西安:西北大学出版社2015年版,第41页。
② [法] 雅克·朗西埃:《政治的边缘》,姜宇辉译,上海:上海译文出版社2007年版,第4页。
③ J. Rancière, *Dissensus, On Politics and Aesthetics*, Edited and Translated by Steven Corcoran, New York: Continuum International Publishing Group, 2010, p.139.
④ [法] 雅克·朗西埃:《歧义:政治与哲学》,刘纪蕙等译,西安:西北大学出版社2015年版,第43页。

的言说能力和活动,能够不再被认为是噪音,能够被理解和认可。由此,朗西埃认为"政治是一种实践。政治乃是由于各种主体或者各种特定的主体化的部署而得以发生。这些部署衡量了不可衡量者、平等特性的逻辑和治安秩序的逻辑。"①

政治就是要对现有的既定秩序和空间进行重新的型构,对感觉进行重新分配,对现有可见、可听、可说的基本共识进行干扰和打破,以使得"歧感"产生,达到政治的目的和功效。"这种对空间和时间的分配与再分配,对地位和身份、言语和噪声、可见物和不可见物的再分配,形成了我所说的感性的分割(partage du sensible)。政治活动对感性的分割进行了重新配置。"② 所以,政治是对共同体的歧感断裂,并不是在历史的逻辑框架下产生的,是产生于断裂之处的,瞬时的。"一种可感知的分配,就是在可感知者之中确定一种分享的共性和对排他性部分的分配之间的关联的方式。以其感性的明确性,这种分配先于对部分和派别的分配,它自身预设着这样一种在可见者与不可见者之间以及可被理解者与不能被理解者之间的划分。"③ 朗西埃关于政治定义的特别之处在于政治不是以往宏观意义上的政治,而是更微观层面的"政治性",只要对既存的治安秩序具有破坏性的观念、行为就是政治。可以说,它不是一个名词,而是一个动词,是具有主观能动性的动词,甚至可以称其就是主体本身。"它向公共事务的舞台引荐了新的客体和主体;它让不可见变得可见,让那些曾经仅仅被当作吼叫的动物成为可听的说话生灵。"④

----

① [法]雅克·朗西埃:《歧义:政治与哲学》,刘纪蕙等译,西安:西北大学出版社 2015 年版,第 54 页。
② [法]雅克·朗西埃:《文学的政治》,张新木译,南京:南京大学出版社 2014 年版,第 4 页。
③ [法]雅克·朗西埃:《政治的边缘》,姜宇辉译,上海:上海译文出版社 2007 年版,第 129 页。
④ [法]雅克·朗西埃:《文学的政治》,张新木译,南京:南京大学出版社 2014 年版,第 5 页。

第二节　可感性的分配

朗西埃的"感觉的分配/分享"（"le partage du sensible"）概念是理解其审美与政治关系的核心。在朗西埃看来，审美之所以具有政治的维度，就在于"感性""感觉"是可以重新分配的，也是可以分享的。朗西埃是在两个层面运用这一概念的，他对"感性"既讲分配，又讲分享。或者说，其前期哲学更多的是基于"分配"的概念，而后期的美学思想，更多的是基于"分享"的概念。基于"分配"的概念，是源于其政治哲学尤其是马克思对于"分配"问题的理解；基于"分享"的概念，是源于康德的判断力所具有的"普遍性""可传达性"的"共通感"，以及现当代西方哲学或者说西方马克思主义者基于康德"共通感"所发展的"公共性""共同体"等的"公共"维度。

感性具有的"分享"功能就在于感性因其属于人的情感认识而先验地具有共通的能力，基于先验感性能力而产生的审美判断。是不由概念而具有的普遍可传达性，这种普遍性使得朗西埃运用了感性具有的"可分享"的功能，同时这种普遍性在现当代西方哲学之中又演变为一种"公共价值"，分享的过程就是产生公共性的过程。

一、感性的公共性

康德的《判断力批判》是调和和沟通《纯粹理性批判》和《实践理性批判》的重要桥梁，也是连接知性（自然）与理性（自由）的桥梁。在《判断力批判》中，康德把审美判断看成一种鉴赏力，即鉴赏力是评判美的能力，鉴赏判断是能感受到愉快或不愉快的情感能力，是一种反思的判断力，反思判断力的达成，重要因素是想象力的介入，主体通过主观的普遍性，将感性经验之中的杂多质料，纳入一个普遍性的先验原则之下。

因此，从这个层面来说，反思判断力就具有普遍性，也就是"共通感"，为什么会有一个"共通的情感"使得鉴赏判断获得普遍的赞同呢？因为康德说，反思判断具有不需要概念而通过情感传递，使人普遍获得愉快的能力。"共通感"保证了我们审美判断的普遍可传达性。

汉娜·阿伦特重新解读了康德的判断力和"共通感"。认为基于康德"共通感"的审美判断，是假定了人能够得到他人潜在的同意，所以审美才具有普遍可传达性，从而发展了她的独特的政治美学之维。他认为康德的《判断力批判》是康德未写出的政治哲学著作。之所以这么说，是因为，她认为康德的"共通感"建立在两个维度之上，一个就是"他者"的在场，也就是"复数性"，另一个就是判断是一种"扩展的精神"，具有思考代表性的能力。这里预设的他者是对单一主体的挑战，这里的"复数性"是对"一"的一种对抗。她认为，政治与艺术和美学都具有复数性，都是先预设了"他者"的在场，正是发生在公共领域，政治的行动如同舞台表演需要观众一样，没有他者在场，没有他者的承认和评判，政治和艺术都将没有意义。这也是康德所说的，人对美的兴趣只有当人处在社会中才会产生，一个流落在荒岛的人，既不会装饰自己的茅屋也不会打扮自己。一个人的世界无所谓审美，同样一个人的世界也无所谓政治，所以，审美的世界一定不是单一的主体的世界，而是要充满他者的公共的世界；同时，判断力能够连接知性和理性、思考和行动，使得思考能够在公共领域里显现出来，因此，审美的这种能力就具有了政治性，以及具有一种思考的"扩展精神"，"扩展精神"是人类的知性准则，是合目的性地运用人的认识能力的思维方式，置身于他人的立场就使得扩展的目的变成排除自己和他人的偏见，从而达到一个普遍的立场。因为任何审美活动都预先假定了他人的存在，这种他者的在场性就保证了审美的普遍可传达性，也就创造了公共的审美空间。由此来说，艺术和政治都具有"他者在场性"及"复数性"，这也就是审美的公共性，也是美学具有公共性的原因，也可以说与理性的个体性原则相比，感性先验地具有一种可传达的公共性，这也成为朗西埃"感性分享"概念产生的背景和基础。

二、感觉的分配

"感觉的分配"是朗西埃哲学和美学思想的核心。"感觉的分配"的法语原文是"le partage du sensible","le partage du sensible"很难准确地翻译成英文或者中文,原因在于,法文的 partage 一词同时具有"分割"和"分享"之意。"sensible"意为"可感性","可感性"就包括可见性、可听性以及能说的、能想的、能做的等等。因此,英语语言界的朗西埃研究者,一般将此概念翻译为"distribution of the sensible""share of the sensible";而我们国内的朗西埃研究者,一般将此概念翻译为"感觉的分配""感性分享",或者直接翻译的二者兼而有之,"感性的分配/分享"。朗西埃运用"感性的分配/分享"这一概念,的确有着一个从社会学、政治学范畴到美学范畴的演进过程。他在最初研究劳工档案的社会学和政治学视角中,用的的确是"感觉的分配"之义,具有计算和计量的人的工作量,以及马克思政治经济学中对分配的概念的内涵,在其理论前期,朗西埃也认为分配的问题是不平等的主要根源。而后期,尤其是近 20 年在对艺术、文学的美学研究视角中,朗西埃用的是"感性分享"的概念,以及在"感性"所具有的"分享"的普遍可传达的效果上来谈美学问题。

朗西埃理论的独特之处在于,他将"感觉的分配/分享"定义为广义的美学概念,朗西埃认为:"美学不是指一种关于美的理论或者科学,或者一种艺术哲学。它首先是指一种经验形式,一种可见性的模式和一种阐释体制。"① 广义上的美学,是一种测绘"可见性、可理解性与可能性的制图学",也就是说,可以把朗西埃的美学理解为是一种可感知经验的时空形式,"或许经过了福柯的重新检验,可以在康德的意义上理解先验形式体系,它决定了什么将其自身显现给感性经验"②。也就是说,感知经

---

① [法]雅克·朗西埃:《美学异托邦》,蒋洪生译,见汪安民、郭晓彦主编:《生产》(第8辑),南京:江苏人民出版社2012年版,第 196—212 页。

② J. Rancières, *The Politics of Aesthetics: The Distribution of the Sensible*, Translated by Gabriel Rockhill, London and New York: Continuum, 2006, p. 13.

验，决定了什么是艺术的和美的，感知经验的分配/分享"形成了艺术被感知和思考为艺术的形式和铭刻了共同体感知的形式的方式"①。而且朗西埃在论述现实主义艺术的时候，也曾说："现实主义，要求我们更加深入地走进情境自身的内部，以把感觉、知觉和情绪的链条，向后扩展得更远，正是感觉、知觉和情绪让人性的动物成为了故事之发生的存在者"②。

朗西埃说："这种对空间和时间的分配与再分配，对地位和身份、言语和噪声、可见物和不可见物的再分配"就是"感性的分配"③。从朗西埃最初的社会学和政治学视角来说，对感知系统进行分配和计算，是朗西埃寻求政治平等的一种方式。朗西埃说："我把感官知觉的不证自明的事实系统叫做'感知分配'，这一系统同时揭示了共同之物的存在和共同之物中相关部分和位置的划分。'感知分配'同时建立了共享的共同事物和相关的部分。这种部分和位置的划分是基于空间、时间和活动形式的划分，这一划分决定了适合参与共同之物的方式和不同的个体以何种方式在这种划分中具有份额。"④任何治安秩序要想稳固，必定要人为划定"可感性的分配"的界线，根据这个界限，感性的人被划分在了不同的空间和场所之中，将人分割在了特定的世界位置之中，谁能够在某个特定的时间和空间中出现，都是被划分好的了。这就决定了什么是可以被看见、听见的，什么是不可以的。因此，在这样的"治安"社会之中，预设了那些不为社会所见、所闻的"无分之分"（the part of those have no part）。也就是说，某些人被排除在既定的体系之外，变成了"不可感者"（insensible）。

---

① J. Rancières, *The Politics of Aesthetics*: *The Distribution of the Sensible*, Translated by Gabriel Rockhill, London and New York: Continuum, 2006, p. 14.
② [法] 雅克·朗西埃：《贝拉·塔尔：之后的时间》，尉光吉译，开封：河南大学出版社 2017 年版，第 12 页。
③ [法] 雅克·朗西埃：《文学的政治》，张新木译，南京：南京大学出版社 2014 年版，第 4 页。
④ J. Rancières, *The Politics of Aesthetics*: *The Distribution of the Sensible*, Translated by Gabriel Rockhill, London and New York: Continuum, 2006, p. 12.

在"治安"的社会秩序之中,造成了可感性的分配的不平等。

朗西埃是不愿意看到这样的场景的。因此,朗西埃进行了反抗和破坏,其所拿起的批判的武器就是具有"歧义"能力的"政治"的概念。朗西埃所期盼通过"感觉的分配/分享"从而建立一个"感觉共同体"(sensibility community),这个感觉的共同体实际也是关系的共同体,在这个关系的格局之中,感觉是可以变化的、重新分配的。朗西埃认为"治安"的逻辑代表了一种既定的秩序的认同,"政治"的逻辑则是对既定秩序的一种打乱和干扰,使在原有秩序之中不能够被看见的,得以显现,不能发出声音的得以发声,将"无分者"计算在政治的体系之内。因为"政治"是如朗西埃的"歧义""奇点""讶异"概念一样具有偶然性的,因此,其对原有的感觉共同体的关系的重新配置的过程要不断地进行下去,否则就会进入另一个"治安"的秩序之中。而打破既定秩序的力量,实现"政治"的有效手段就是"歧义"(dissensus),而不是"共识"(consensus)。关系共同体是非线性的、动态的、不断生成的,在这一关系之中,感性与理性、显性与隐性、时间与空间、有限与无限都能够生成转换,创造一个充满活力的动态系统。感性是重新分配的过程,而不是僵化的固定的分配结果。按照朗西埃来说,平时我们的感性关系常常被主导了,我们会看到,本来感性的问题,变成了可见性的问题,在我们的理解中马上就走到僵化的套路上去了。所以重新解释这种感性,什么是正常不正常,重新来把握,不是以原有的因果关系来随便判断。共识的概念就是说一个感性的东西按套路、死板的框架来理解它,这样感性就被框住了,就变成共识。异感就是把已经变成共识的东西重新放到新的框架里面,就变成异感。共识排出了他者,歧义制造裂缝,产生不同的异感,使不同的感性主体得以体现。

这样的异识所建构的感觉共同体,表明了一种感性的在场和感觉的重新分配,朗西埃在评述电影艺术展览时,曾如此说:"证明了一种感性在场的特殊方式,这些方式的思想和意图安排着感性经验的数据。'我在这里''我们在这里''你们在这里',展览的三个专栏作品变现出人类和事物原始的共同在场，还有事物之间和人与人之间的共同在场。"① 这样的异识造成的感性在场，是感性的多样性，也是一种新的感觉共同体，身处其中的是各种不同层级的感性存在。

三、不可见的可见

朗西埃的"感性"来源于马克思的工人群众的感性身体，尤其来源于其所进行的革命实践。"五月风暴"中朗西埃与阿尔都塞的精英式的理论模式决裂，从思辨哲学走向了感性生命。早年的朗西埃直接将研究的方向投向了劳动者的历史档案研究，试图在工人运动及工人生活的实际情境之中，发现工人的身体感性，关注"无分之人"就是朗西埃生命政治哲学的显著特点。对资产阶级的秩序来说，工人和无产者就是"无分之人"，是不被计算的"份额"。朗西埃通过捕捉被遮蔽的劳动者生命的感性肉身使这些"无分之人"通过"感性的分配"（"感性的分享"）的方式而被听见、被看见，通过对缺失的"非主体"的感性身份的寻回，将关注的焦点聚集于那些不可说、不可见、不可听的人身上，建构起了对西方传统政治和资本主义逻辑的批判话语。

"可见与不可见"的概念是福柯在其知识谱系学研究中提出来的，这也是对朗西埃影响比较大的又一个核心的概念。朗西埃的"感觉的分配"概念的直接来源就是福柯"可见与不可见"概念。在福柯的理论体系中，理性使得社会的政治、经济、文化、生活各个领域都被理性的光芒所渗入，理性如同一个透视点，使得社会出现了各种分层，理性更决定了主体在这一可见领域中的分配和分布。这种理性决定的分配构图也是知识决定论使然，在这一知识型网格线之中，在理性和知识所覆盖之外，还涌动着一些不可见者、不可听者、不可说者有待进入这一可见体系之中，也就是在这一特定的领域中的既定秩序，也就是朗西埃所说的"感觉的共同体"，

---

① ［法］雅克·朗西埃：《图像的命运》，张新木、陆洵译，南京：南京大学出版社 2014 年版，第 31 页。

也就是进入朗西埃认为的"治安"(police)社会之中。朗西埃认为，真正的平等，一定要打破这种"治安"的逻辑，按照"政治"的逻辑来进行感觉的重新分配或者再分配。这种重新的分配就使得不可见的得以被看见，使得没有名分的获得名分，"无分之分"可以被分配。如福柯说"呈现不可见性是如何的不可见，而且正是在这种不可见性的绝对不可见中，虚构爆发其最大的威力"①。朗西埃也正是在此意义上借鉴"可见"与"不可见"的概念，并将其扩大化为一种可感性。

所谓的"可见性"也就是朗西埃所说的"可感性"的一部分，就是基于人的感官赋予事物的一种属性，比如，可见的、可听的、可说的、可做的等等，美学在这种可感性的重新分配之中显见。诚如朗西埃所说，感觉分配"是位于运用凝视、命名事物、产生话语和采取行动的核心的可见的、可说的、可思的、可做的之间的关系的游戏"②。这一点，朗西埃借鉴了康德的"共通感"的定义，共通感是"出自我们认识能力自由游戏的结果"③。因为审美无利害关系，所以具有普遍可传达性，也就具有了"分享"的效果。"因为它不需要为一个概念的任何客观实在性作辩护……它只是断言，我们有理由在每个人那里普遍地预设我们在自己这里所见到的判断力的这些主观条件。"④

因此，"感性的分享"的美学价值在于，这种感知分配和分享的方式"揭示了谁可以在共同体的共同之物中拥有份额是基于他们的行动和这些

---

① 杨凯麟：《自我的去作品化：主体性与问题化场域的福柯难题》，见黄瑞祺主编：《再见福柯：福柯晚期思想研究》，杭州：浙江大学出版社2008年版，第57页。

② J. Rancière, "*Against an Ebbing Tide: An Interview with Jacques Ranciere*", in Bowman, Paul and Richard Stamp (eds), *Reading Ranciere*, London and NewYork: Continuum, 2011, p.242.

③ [德] 伊曼努尔·康德：《判断力批判》，邓晓芒译，北京：人民出版社2002年版，第74页。

④ [德] 伊曼努尔·康德：《判断力批判》，邓晓芒译，北京：人民出版社2002年版，第132页。

行动发生的时间和空间"①。也就是说,由于感性的分享功能,使得在社会的各个领域,尤其是艺术空间之中,存在着一种被叫做美学的、具有感性分享价值的可见性、可听性的空间场所。在这个美学空间之中,以前被视为噪音的,现在并不是噪音,一些身体被看成是主体,另一些身体被看成是对象。朗西埃认为,这样的重新分配使得各种异质的元素和他者共同构成了一个新的世界和审美空间,"将'图像'的世界构成共同归属的世界,构成普及的表达间的世界"②,也就是各种异质的元素所在的感觉的共同体之中的世界。

通过感性的重新分配,使得不可见者可见,不可说者可说,使得普通的小人物在艺术之中成为主人公被表现出来,这种现当代艺术将普通的小人物像神祇一样被表达就是一种感性的重新分配,本身就有一种政治的功能和诉求,那就是打破了既定的等级的秩序和规则。对秩序的突破就形成了新的艺术的体制。朗西埃说,"任何场所都可以让自己引发任何特性,任何言说的生产也就能够把自己再现成提供场所者的准确表现。"③

现代艺术的鼻祖马奈的作品,在某种程度上诠释了朗西埃的这一观点。马奈的《奥林匹亚》在1865年展出后,引起了巨大的轰动和争议。因为这幅画的主题和色彩,完全与学院派的原则相抵触,传统的裸体画都是从神话或宗教中取材,多数都是将维纳斯、夏娃作为主人公,而马奈画中的女模特竟然是当代的妓女,当1865年沙龙画展时,人们对这个面孔感到惊讶和气愤。这幅画无疑是对封闭社会的一种挑衅,更打破了人们传统的审美观念。但马奈的这一举动,可以说是艺术史上的一次创举,也是诠释现代或者说当代美学,尤其是朗西埃的美学的一个入口,朗西埃致力于打破美学的等级秩序,打破传统的审美标准和范式。朗西埃挑战了柏拉图

---

① J. Rancières, *The Politics of Aesthetics*: *The Distribution of the Sensible*, Translated by Gabriel Rockhill, London and New York: Continuum, 2006, p. 12.

② [法] 雅克·朗西埃:《图像的命运》,张新木、陆洵译,南京:南京大学出版社2014年版,第85页。

③ [法] 雅克·朗西埃:《历史之名:论知识的诗学》,魏骥德、杨淳娴译,上海:华东师范大学出版社2017年版,第137页。

以来的感性秩序，倡导一种新场景，美学并不是一种对应关系的再现体制中的文学或者艺术，美学恰恰摧毁了这种——对应的关系，使得美的对象超越了以往神圣的、高贵的、权威的传统体系范围，具有平民化的平等色彩。

这样的美学体制摧毁了一些固有的传统秩序，这是对高雅的纯粹美学或纯粹凝视的一种僭越，将普通人、普通事都纳入艺术所表达的范畴之内，也是朗西埃"歧义"思维、"事件"思维的体现，在其所创建的异质的审美空间中，感性获得了平等，赢得了解放。

第三节 艺术的美学体制

人类的实践活动中，哪些是属于艺术的，哪些不属于艺术？如何进行划分？美学的概念是什么？朗西埃基于"感性的分配/分享"的内涵和外延，建构了他独特的美学体系，也就是他所称的美学体制。朗西埃认为："美学不是指一种关于美的理论或者科学，或者一种艺术哲学。它首先是指一种经验形式，一种可见性的模式和一种阐释体制。美学经验远远超出了艺术的范围。"①

一、艺术的美学体制的提出

朗西埃在《美感论》开篇序言中就对"艺术"和"美学"进行了界定。他说："'审美'（esthétique，也指美学），是西方两个世纪沿用的范畴，它所涵盖的，是塑造可感的肌理和提供认知的形式，也就是我们所说的'艺术'……在艺术史上，艺术的发端固然可以追溯到洞窟壁画萌生的

---

① [法]雅克·朗西埃：《美学异托邦》，蒋洪生译，见汪安民、郭晓彦主编：《生产》（第8辑），南京：江苏人民出版社2012年版，第196—212页。

史前时期，但'艺术'这个概念，这种特殊的感受形式，却是在18世纪末才在西方出现。"① 而且，朗西埃反对如维特根斯坦一样以一种"家族相似"的概念来对艺术下定义，因为他认为，要给各种门类的艺术下一个具有普遍性的定义，是不可能的，我们无法给绘画、音乐、舞蹈、电影或雕塑等确定一个整体的共同特性。艺术的概念应该是多维度的，用朗西埃说的话，应该是一种分离的概念，而不是普遍性的一致的概念。"艺术概念是一种分离的概念——历史地确定的不稳定分离的概念——不同艺术之间的分离，即实践意义和做法意义上的艺术。"② 而且朗西埃认为随着现代"媒介"的参与，当代艺术更是被"媒介"所征服，从而体现了一种决裂，与美术体系的决裂，与众多艺术内部另一个分离体制的决裂。

基于对现当代艺术这样的理解，朗西埃认为现代的艺术体制一定是不同古典美学中"模仿说"而束缚和贬低的艺术的本质，为此他独创了"艺术的美学体制"的现代美学体系。那么，什么是朗西埃所说的"体制"（regime）呢？朗西埃认为，"体制"就是对可感物分配的一个范畴，一种艺术的体制就是一整套关于可感之物，也就是关于可见性、可听性、可感知形式、可理解性的形式的模式。这套可感性的模式，就是对实践与情感之间的一套感知体系，使得我们通过这样的形式模式，能够精确地判断什么是艺术、什么是美，什么是自由的艺术，什么是机械的艺术。朗西埃认为，艺术的美学体制，产生于18世纪末19世纪初期才开始的一种当代形态，也就是不再将古典美学及其模仿原则作为典范的一种多样性的、具有纳入性质的艺术发展态势。

这里，朗西埃将福柯的"知识型"概念运用和扩展到了哲学、美学范式内。"知识型"是词（语言）与物（世界）和有机结构（人）之间的关系。福柯认为，人从"不存在"到"存在"再到"消失"，这都是西方认

---

① ［法］雅克·朗西埃：《美感论：艺术审美体制的世纪场景》，赵子龙译，北京：商务印书馆2016年版，第1页。
② ［法］雅克·朗西埃：《图像的命运》，张新木、陆淘译，南京：南京大学出版社2014年版，第99页。

识型的知识的基本排列发生变化的结果①。基于对"知识型"(episteme)理论基础,朗西埃将"知识型"概念进行了细化和发展,提出了"体制"(regime)的范畴,这是一种关于"知识的知识",也即"元知识"。朗西埃在《哑言》中提出的文学概念的谱系学以及他所论述的艺术体制都可以在类似福柯的知识型概念的意义上表述。

所以说,朗西埃的艺术体制是基于其"感觉的分配/共享"(partage du sensible/distribution of the sensible)的概念基础之上创建并发展的。"感觉的分配"是"知觉、可见性形式和可知性模式之间的特定关系,使我们能将特定产品视为艺术"②。艺术的体制就是"生产艺术品或者形成实践的方式、揭示它们的可见性形式和概念化上述两者的方式之间的一种特殊的联系模式"③。归纳起来,就是三个方面,"行动和制作的方式""这些方式对应的可见性形式""对两者的概念化方式"④。因此,在朗西埃看来,艺术的概念是根植于这种识别体制的划分,识别的体制决定了什么是艺术的、美学的,什么不是艺术的,不是美学的。

据此,朗西埃划分了影像的伦理机制、艺术的再现机制、艺术的美学机制三种艺术形式,也是三种对感性分配的形式。伦理机制的代表是柏拉图的模仿说,再现机制的代表是亚里士多德的诗学,美学机制的代表是德国浪漫主义美学。美学机制废除了再现机制内的感性分配的等级制,艺术在主题和文类层面,打破了次序与各种区分,某种程度上实现了审美意义上的平等。朗西埃制造了属于自己的美学艺术规则机制,区分了艺术的和非艺术的原则。但朗西埃并没有继承和运用福柯对知识型之间严格界限的界定,而是建构了一个更加开放的"事件""感性"系统。他不想按照历

---

① [法] 米歇尔·福柯:《词与物——人文科学考古学》,莫伟民译,上海:上海三联书店 2001 年版,第 416 页。

② J. Rancière, *The Emancipated Spectator*, London: Verso, 2009, p. 12.

③ J. Rancière, *The Politics of Aesthetics: The Distribution of the Sensible*, Translated by Gabriel Rockhill, London and New York: Continuum, 2006, p. 20.

④ J. Rancière, *The Politics of Aesthetics: The Distribution of the Sensible*, Translated by Gabriel Rockhill, London and New York: Continuum, 2006, p. 91.

史化的严格的时代顺序来划分艺术的体制，三种艺术的体制并不是按照传统对艺术发展过程的古典、近代和现代的模式划分的，朗西埃认为他是根据每个机制内的艺术作品所具有感性分配的特点和程度来进行划分的，也是按照"感性"的分配形式和内涵进行划分的。这也是朗西埃所一贯秉承的风格，不作严格的划界，不做知识型的划分。

二、艺术的三种体制

西方美学史上，有过对艺术转型的多种界定，但朗西埃认为，艺术的种种转型，并不是某个人的凭空设想，而是凭借一种感觉或感性的分配模式，"它们的逻辑，从属于一个认知、情感、思考的体制，这个体制，我便称其为'艺术的美学体制'"①。可见，对艺术体制的划分，朗西埃基于的是对感性的、情感的认知结构而进行的，并不是时代或者类型。或者说即便按照类型也是基于感性体制的类型。

（一）影像的伦理体制

朗西埃认为三种艺术的认同体制就是艺术的历史演进。"影像的伦理体制"的代表就是柏拉图的"模仿说"，在这个机制里出现的，在当时还称不上是"大写的艺术"，或我们现在对艺术所作的分类。因此，朗西埃运用了"影像"一词。

在柏拉图看来，诗人和工匠们生产的仅仅是"影像"，"影像"的起源及其目的是柏拉图关注的基本问题。从起源上来说，柏拉图认为绘画、雕塑、诗歌、舞台剧等都是技艺，而不是艺术。这些技艺都是具有模拟的机制，这来源于柏拉图典型的"模仿说"。柏拉图哲学美学思想的根基就是"理念"，在他看来，艺术只是对理念世界的模仿，而且是与理念世界隔了两层的模仿。因为，艺术模仿的是现实世界，艺术是现实世界的影子；而

---

① ［法］雅克·朗西埃：《美感论：艺术审美体制的世纪场景》，赵子龙译，北京：商务印书馆2016年版，第4页。

现实世界模仿的是理念的世界，现实世界是理念世界的影子。因此，柏拉图认为艺术与真理隔了两层，艺术是"影子的影子""摹本的摹本"，他把艺术的世界贬低得比现实世界还要低。为此，在他的《理想国》之中，他贬低艺术和诗人，但尽管如此，柏拉图在建构他的理想城邦时，把这些我们现在称之为"艺术"的、他称之为"技艺"的人，排在了普通民众之前，认为是比普通大众高级的人，这也是有其用意的，因为柏拉图认为艺术具有教化民众的作用，这也就是西方美学中较早地体现出的审美与伦理、审美与政治的关系问题。

因此，朗西埃用"艺术的伦理机制"重新界定古希腊或者说古典的美学与伦理之间的关系问题。其实，在古希腊时艺术就具有伦理的作用，这也是与苏格拉底对美的定义有关的。苏格拉底"美在效用""美在合适"都是具有这种伦理倾向的美学命题，这种"效用说"就是其目的论传统的体现。朗西埃将这些对那个时代来说还称不上是"艺术"的东西，也就是如柏拉图所说的"影子的世界"，界定为"影像"，影像的伦理机制的定义就来源于此。朗西埃说，这些技艺之人所进行的就是对各种可见性形式的模仿，而大众与这些技艺之人，其实是一种可感性分配的两种相互依存的关系，却被柏拉图设定了不同的伦理学意义，一个是教化的工具，一个是被教化的铜铁之人。

朗西埃正是在这个意义上说，古希腊及所有具有这样伦理教化倾向的艺术，都该被纳入到影像的伦理体制之中。而且朗西埃发现了柏拉图的顽疾，那就是柏拉图将诗人、艺术家等非理性秩序内的人认为是对理想城邦完善状态具有威胁的人，诗人或者艺术家制造的"异质性"元素是对和谐的美德原则的破坏和消解，是要将其拒之门外的。这也是柏拉图在《理想国》中驱逐诗人、驱逐荷马时所列的罪状之一，因为他认为，诗不能给人真理，还会败坏道德，荷马的诗给城邦年轻人带来的不是正义而是伤风败俗的影响。但柏拉图为一部分诗留下了空间，那就是能为政治和道德服务的，"除了颂神和歌颂美德的诗，不准一切诗歌闯入国境"。因此，这种影响伦理体制内判断艺术的标准是真实和效用，是真理和善。艺术没有独立的价值。朗西埃认为，影像的伦理体制将异质性排除体制，就是共识逻辑的典型代表，其所追求的绝对的"善"和"正义"恰恰在朗西埃看来是反政治的、反美学的。不具有美学的独立性，使得艺术和美学成为了政治和伦理的附庸。

（二）艺术的诗学/再现体制

亚里士多德的诗学及其"再现"体制，是对柏拉图模仿说的一种超越，更强调诗歌的表现意味和艺术的创作主体的主观心意作用，是对伦理机制的批判和超越。朗西埃认为，比"影像的伦理体制"更先进的就是"艺术的诗学/再现体制"，这是对以柏拉图为代表的模仿说的批判，将艺术从具有教化意味的道德、宗教和政治中解放出来。朗西埃认为，"艺术的诗学/再现体制"源于亚里士多德的《诗学》所奠定的原则。亚里士多德的"实体"概念超越和否定了柏拉图的"理念"概念，肯定了现实世界的价值。将艺术从柏拉图的"技艺"和生产方式中区分出来，第一次对艺术进行了定义，区分了"艺术"和"技艺"，使得艺术具有了一定的自主性。朗西埃说："再现，根据亚里士多德在《诗学》中分析的自相矛盾的逻辑，是意义的有序展开，是人们理解或预料之物和意外发生之事之间那调节过的关系。"[①] 朗西埃认为尽管艺术的再现体制遵循的也是"再现"的原则，但却是与柏拉图完全不同的，艺术再现的内容是真实，而不再是理念的影子。亚里士多德批判了柏拉图认为艺术是不真实的、虚幻的观点，他认为艺术是比历史还真实的，因为艺术模仿的是事物的可然律和必然律。因此，艺术具有和哲学一样的认识功能，是能够认识到事物的本质。

朗西埃还总结了"艺术的诗学/再现体制"由四大要素和原则构成，分别是：虚构性原则、感性行动的原则、文类等级性原则、因果关系性原则。"虚构至上；再现的文类性，根据再现的主题被限定和分级；再现方式的得体；以行动展现言语的理想。这四条准则规定了再现系统的'共

[①] ［法］雅克·朗西埃：《图像的命运》，张新木、陆洵译，南京：南京大学出版社2014年版，第151页。

和'秩序。"①

第一，虚构性原则。朗西埃说虚构性原则来自于亚里士多德《诗学》第一章所提出来的。"虚构——或者说与虚构同源的形象——是孩童的方法。在还不会说话时用自己的构想描绘世界的样子……修辞与诗歌艺术的原始形象便是人们选定事物的行为。"② 朗西埃认为艺术的影像伦理机制的虚构性原则就是对伦理机制的批判和超越，因为虚构之中就加入了想象的成分，可以说，这一点朗西埃很明显地继承了维柯的美学思想。维柯在《新科学》中集中地论述了人类原始思维或者形象思维所具有的虚构和想象的性质，以及这种虚构和想象所具有的诗性智慧。维柯的"诗性智慧"就是运用虚构性原则的变现，也就是与朗西埃所说的艺术的诗学和再现体制的原则相一致的。那么这其中朗西埃预设的诗学体制的虚构原则必须具备一个虚构上演和被关注的特殊的空间—时间，在时空之中展演艺术，这一点也是亚里士多德《诗学》中研究悲剧时所重点倡导的一个原则，"悲剧是时间的艺术"，需要空间的展演。

第二，感性行动的原则。在朗西埃看来，亚里士多德认为诗就是对一种行为的模仿，所以诗歌不能被定义为一种语言的形式，而应该被定义为行动的形式。艺术再现的对象不是具体的事物，而是某种感性的行动形式。朗西埃认为这源于亚里士多德在他的《诗学》第一部分所提出的准则，源于亚里士多德对于悲剧的定义，"悲剧是对于一个严肃、完整、有一定长度的行动的摹仿"。朗西埃认为，艺术本质上是对行动的再现，是通过对现实的感性世界的行动进行时间和空间的重新再现。"诗歌的类别——史诗或讽刺诗，悲剧或喜剧——都首先取决于它所再现的对象的性质。从根本上说，人们模仿的是人与行为的两种类别：伟大的和渺小的；由两种人在模仿：贵族和公众；有两种模仿方式：一种是抬高被模仿对

---

① ［法］雅克·朗西埃：《沉默的言语》，臧小佳译，上海：华东师范大学出版社2016年版，第16页。

② ［法］雅克·朗西埃：《沉默的言语》，臧小佳译，上海：华东师范大学出版社2016年版，第29页。

象，另一种则是贬低。"① 这也成为朗西埃认为"事件"成为艺术的前提条件，因为"事件"也需要行动，但是"事件"行动的秩序却与古典的秩序不一样，他认为的古典的行动秩序原则是"古典秩序将这种逼真的条件系统化为一个完整的等级体系，即人物、环境、表达形式的合适体系"，但是虽然朗西埃承认艺术是对行动的模仿，但他提出了与古典秩序不同的模仿内容，那就是思想和情感，"它将确定人们的类别，确定特殊形式，确定一些特殊的情感，正是这些思想和情感指导着行动"②。而且朗西埃还说，与行动秩序逻辑和行动者的等级一起崩塌的便是表达方式的逻辑，感性行动再现的意义就在于其具有了现实的维度，不再是对形而上的理念的再现。

第三，文类等级性原则。朗西埃依然从亚里士多德的《诗学》出发，认为亚里士多德对悲剧和喜剧的定义具有典型的等级性。在朗西埃看来，在"艺术的诗学/再现体制"之下，艺术再现过程遵循的是一种等级的原则。也就是亚里士多德的思维范式——喜剧是"模仿低劣者的行动"，而悲剧模仿的是"高贵者的严肃行动"，这也就是朗西埃所说的文类的等级性原则。在这样的思维范式之下，艺术不会随意再现所有的感性的事件和人，只有那些伟大的、高贵的人才能出现在艺术的世界之中，只有宏大的、符合历史叙事的才有资格成为艺术的题材。这就规定了艺术的文类和等级，以及艺术中人物的关系，以及什么人、什么事可以表现在艺术之中。朗西埃说："行动相对于性格、叙述相对于描述的再现优先性，根据主题尊严的文类等级制，这些因素反映了一个共同体的完全等级化的景象。"③ 这种规则也可以理解为是一种关于话语的规则，不同身份、不同权力话语的人应该符合于各自身份的话语表现，它们的话语是生动的、有效

---

① [法] 雅克·朗西埃：《沉默的言语》，臧小佳译，上海：华东师范大学出版社2016年版，第9页。

② [法] 雅克·朗西埃：《文学的政治》，张新木译，南京：南京大学出版社2014年版，第221—222页。

③ J. Rancière, *The Politics of Aesthetics: The Distribution of the Sensible*, Translated by Gabriel Rockhill, London and New York: Continuum, 2006, p. 22.

的。不难看出,这种等级原则正是朗西埃论述艺术中不平等的根源,也是他后来所要批判和超越的原则,艺术的美学体制正是对此进行的批判。

第四,因果关系性原则。正是等级原则决定了"艺术的诗学/再现体制"规定的艺术"制作"和感性事物之间的严格的因果关系性原则。"什么是对的""什么是恰当的",什么是能够被再现的感性形式,都是被因果关系规定好的。可以说,因果律是主宰了西方古典艺术的一大重要原则。朗西埃指出在再现体制之中,这种等级秩序及其所支撑的因果关系是不能被打破的,在传统诗学逻辑和艺术传统之中根深蒂固的。朗西埃将亚里士多德诗学的这种因果规则,认定为一种虚构的逼真。亚里士多德的模仿坚持的就是虚构的逼真的因果律,"逼真的游戏就是这样将它的内在性——连贯的横向性——与样板与复制品、事实与表象之间关系的纵向对立"①;而"虚构是相对于真理和现实的双重消减,虚构并不是一种拟像。它是一种安排,因果的安排"②,显然,朗西埃将"艺术的诗学/再现体制"中的虚构原则和因果性原则看作是一致的原则。而且,这种因果律也是朗西埃所要打破的,他将小说这种现代艺术形式的地位提高了,他说:"小说取代了喜剧,坐上了语言艺术的王座,它让人不需要身份地体验任一种理想感召和感性冲动,这是因为,小说推翻了遵循因果的记述模式,打破了做法服从目的的行为模式。"③ 在小说这种现代艺术形式之中,不再多多关注目的、行动和因果律,艺术的美学体制就是要推翻和打破这种因果必然律,让偶然的、异质的元素进入艺术和美学之中。

以上原则在亚里士多德的艺术主张中可以显见,他主张以因果关系为基础的现实世界之间的组织形式作为艺术的形式,要求以叙事的形式和情节的因果发展的合理性作为艺术的要素。亚里士多德《诗学》要解决的问

---

① [法] 雅克·朗西埃:《文学的政治》,张新木译,南京:南京大学出版社2014年版,第221页。

② [法] 雅克·朗西埃:《文学的政治》,张新木译,南京:南京大学出版社2014年版,第220页。

③ [法] 雅克·朗西埃:《美感论:艺术审美体制的世纪场景》,赵子龙译,北京:商务印书馆2016年版,第4页。

题是关于诗的艺术本身、它的种类、各种类的特殊功能……情节应如何安排，等等，"关于诗艺本身和诗的类型，每种类型的潜力，应如何组织情节才能写出优秀的诗作，诗的组成部分的数量和性质，这些，以及属于同一范畴的其他问题，都是我们要在此探讨的"①。这也是亚里士多德推崇悲剧的主要原因之一，因为"悲剧是对一个严肃、完整、有一定长度的行动的摹仿"，而且"悲剧所模仿的不是人，而是行动和生活［人的幸福与不幸均体现在行动之中；生活的目的是某种行动，而不是品质；人的性格决定他们的品质，但他们的幸福与否却取决于自己的行动］"②。在朗西埃看来，虽然"艺术的诗学/再现体制"相较于"影像的伦理体制"，艺术具有更强的自主性和自律性。但其仍然受到了因等级差异所带来的因果律、必然性的支配，仍然受限于严苛的等级规范，这种因果律等级规范束缚着艺术的主题和形式。这也意味着"再现"体制依然规定了什么能被看见，什么能被说出来，贵族和英雄对应着高贵的悲剧，普通人对应着低俗的喜剧，这在朗西埃看来仍然是以"高贵的行为"规范和道德的"善"来"规训"人民的一种表现。而且朗西埃还认为诗学体制发展到了一个极端，就是过度强调形式使得形式主导材料，作者和思想先行。因此，在朗西埃看来，"艺术的诗学/再现体制"仍然是一种不民主、不平等的艺术体制，还没有达到完全的艺术自律和自由。

（三）艺术的美学体制

针对"旧诗学"模式的"再现体制"，朗西埃提出的艺术的美学体制可以看做是具有"新诗学"性质的美学体制。而"新诗学"的标志就是现代美学或者说语言学阶段的美学原则的表现，"语言优先反对虚构至上；被再现的平等主题对抗同类性原则与按体裁分类原则相对立；书写的典范

---

① ［古希腊］亚里士多德：《诗学》，陈中海译注，北京：商务印书馆1996年版，第27页。
② ［古希腊］亚里士多德：《诗学》，陈中海译注，北京：商务印书馆1996年版，第63—64页。

反对言语行为的思想"①。由此，朗西埃提出的"艺术的美学体制"，是对"影像的伦理体制"和"艺术的诗学/再现体制"的超越，也被他称之为"反再现"的逻辑。他认为艺术的美学体制中，某个主题和某种形式之间不再有契合的规则，而是所有主题针对任何艺术形式的普遍的可支配性，以及还有些人和事的主题不能按照人们的意愿去改变。朗西埃认为艺术的美学体制形成于19世纪，而且"在这个新体制中，不再有好的艺术主题"②，这里所说的"好"是受传统古典美学中所说的宏大叙事和因果律的牵绊。"艺术的美学体制"打破了再现体制中主题和文类的等级之分，颠覆了因果性的差异，使得艺术从各种主题和形式的等级之中被解放出来，艺术可以表达和展现所有能被纳入它体制内的感性及"事件"。在"艺术的美学体制"内，各种秩序和对应的等级规则都被打破了，语言不再是权力的附庸，感性被重新配置，更多的感性"事件"可以是艺术的对象。并且朗西埃说，"美学革命将它对立于再现模式，把艺术的事物置于美学的新概念之下"③。

艺术的美学体制是对诗学再现体制中"逼真"的有"因果律"的拒斥和超越，朗西埃认为写作秩序中"逼真"体系的这种断裂恰恰就是文学和艺术的真正产生，文学并不是新的称呼，"文学是真理的某个新制度的名称，这是一个真理的名称，它首先就是逼真的毁灭：一个非逼真的真理"④。朗西埃认为，取代"逼真"逻辑的就应该是艺术的美学机制中该有的自由和超越精神和梦想，而这种自由的超越精神，就是朗西埃想要强调的文学和艺术的"政治性"所在。艺术的美学机制的真理是，"任何事

---

① [法]雅克·朗西埃：《沉默的言语》，臧小佳译，上海：华东师范大学出版社2016年版，第17页。
② [法]雅克·朗西埃：《图像的命运》，张新木、陆淘译，南京：南京大学出版社2014年版，第155页。
③ [法]雅克·朗西埃：《图像的命运》，张新木、陆淘译，南京：南京大学出版社2014年版，第156页。
④ [法]雅克·朗西埃：《文学的政治》，张新木译，南京：南京大学出版社2014年版，第223页。

情都不可能发生在任何人身上","面对保留的事件、行动、目的和激情,现在与之对抗的将是大家共有的感知、状态和幻想"①。朗西埃将"一场戏剧、一段演讲、一个展览、一次参观,一部影片都看作一场艺术事件,而这样的事件就让艺术超越了自身,而朗西埃认为艺术没有因为世上的平凡事物和事件的加入而衰退,反而,艺术在不断的自我更新,变得更有意义,而且在这样的艺术美学体制之中,是将认知、情感、称谓、观念等一起构成了一个感性的共同体。"②"感性共同体"是朗西埃继"感性分享"理论之外,建构其平等理论的又一基础,在"感性的共同体"之中,认知、情感、观念等都纳入一切艺术之中,艺术也由此变成了"事件"。这里不难看出,朗西埃将其全部哲学政治学的概念及其内涵与美学完全勾连,"歧义"和"异见"就是为了冲破体制的限制,纳入感性共同体之中。使得异质的偶然的事件可以展现出来,从而进入到美学的体制之内,这也就发挥出了"歧感"的效果。

朗西埃认为,"艺术的美学体制"来源于18世纪的维柯、鲍姆嘉通、康德等对于美学的定义。维柯的"诗性智慧"具有很强的感性价值和美学意义。鲍姆嘉通正式地以"感性学"来定义美学,也开启了"大写的艺术"的时代,朗西埃认为"大写的艺术"概念与美学的概念时间上具有同步性,美学诞生之时也是艺术随之确立自己的时候。这一点与雷蒙·威廉斯所见略同,雷蒙·威廉斯也认为"大写的艺术"概念的出现与文化和Aesthetic(美学的)的定义在历史上的发生有关。朗西埃将"大写的艺术"也称之为"人文"(libéraux)艺术,他认为,"人文艺术之所以不同于技工艺术,是因为它用来提供娱乐,它属于自由的人、有闲的人,这些人囿于本来的身份,不会在一名艺匠甚或一个奴隶的实物作品中追求极致的美。"③ 在

---

① [法]雅克·朗西埃:《文学的政治》,张新木译,南京:南京大学出版社2014年版,第225页。
② [法]雅克·朗西埃:《美感论:艺术审美体制的世纪场景》,赵子龙译,北京:商务印书馆2016年版,第4页。
③ [法]雅克·朗西埃:《美感论:艺术审美体制的世纪场景》,赵子龙译,北京:商务印书馆2016年版,第1页。

朗西埃看来,"艺术的美学体制"就是对再现体制进行的美学革命。"艺术的美学体制"打破了艺术的高低之分,打破了题材的限制,取消了形式与内容、感性与理性、真理与现实的区别,将感性的机制体现得淋漓尽致,"艺术的美学体制"逾越了艺术与日常生活的边界,使得那些微不足道的小人物、小事件都可以成为艺术表现的中心。"艺术的美学体制是一种严格地识别大写的艺术和将大写的艺术从任何特定的规则和诸种艺术、主题和文类的等级中解放出来的机制",通过"破坏模仿的界限,它区分艺术'制作'和'行动'的方式与其他更为广泛的制作与行动的方式,将其自身的规则与社会职业的秩序分离开来。"[①] 朗西埃的"艺术的美学体制"拒斥等级性的再现体制,但并不是说与艺术再现体制相对的就是一个非再现的体制,其实是再现的标准出现了一种新的变化。朗西埃认为艺术的美学体制已经不能再依照艺术的再现规范来作为欣赏标准了,他认为,比例的和谐、统一、传神、达意都已经不是艺术的美学体制的内容了,再现体制中对"一个可见形式的某种对应性,如某种身份,某种感觉,某种想法,也就是说,一个可见形式一定要让人看出明显的特征"[②],这样的要求在艺术的美学体制内都是要打破的,使得它们都"抛弃了再现式艺术的逻辑核心,不再依据比例和对称来组织一切"[③]。因此,艺术的美学体制内的艺术具有了平等的维度,他提倡对题材的一视同仁,打破思维的惯常形式,摒弃再现体制的规范性要求,重构可感性分配和可见秩序。文学艺术"由于社会演变的天命,艺术要接受庶民阶层的任务和情感",因为他们也是"艺术的纯粹性本身"[④]。

[①] J. Rancière, *The Politics of Aesthetics*: *The Distribution of the Sensible*, Translated by Gabriel Rockhill, London and New York: Continuum, 2006, p. 23.

[②] [法]雅克·朗西埃:《美感论:艺术审美体制的世纪场景》,赵子龙译,北京:商务印书馆2016年版,第14页。

[③] [法]雅克·朗西埃:《美感论:艺术审美体制的世纪场景》,赵子龙译,北京:商务印书馆2016年版,第17页。

[④] [法]雅克·朗西埃:《文学的政治》,张新木译,南京:南京大学出版社2014年版,第75页。

第三章 审美的感受：可感物的分享

朗西埃说："从此以后，一切都在同一个平面上，大人物和小人物，重要事件和无意义的插曲，人类和事物。一切都是平等的，都是平等地可再现的。而这个平等地可再现的体系正是诗学再现体系的败落。"① 所以，在朗西埃的视域下，美学具有现代革命的政治意蕴，具有实现平等的效力。他的美学理论对当代艺术具有很大的启发性。究竟什么是艺术？艺术的政治是什么？美学体制如何指向一种解放性的民主政治？朗西埃对艺术的讨论紧紧围绕着政治的主题。真正的艺术，与真正的政治一样，是异议性的，它要表达出异质性，要让原先在可感物的分配格局下不能被感觉到的那些存在物以异质性的方式出场，要避免当代艺术在资本面前变得软弱无力甚至成为资本逻辑的附庸和傀儡。

无疑，朗西埃所界定的艺术的美学体制是具有现代意味的，但朗西埃在对艺术的现代性标准进行阐述的时候，提到了一个问题，现代艺术或者说艺术的美学体制内的作品，尽管具有异质性、多样性、偶然性，那么它究竟"有没有共同的尺度"？朗西埃在对2002年9月至12月在法国国家摄影中心、阿斯克新城现代艺术博物馆和弗雷诺伊国家当代艺术工作室所举办的三场以"没有共同的尺度"为题的展览之中，探讨了一个"共同尺度"的问题。这个展览被命名为"没有共同的尺度"，但究竟现代或者当代艺术有没有共同的尺度？朗西埃说，如果把当代艺术这种废弃了等级秩序视作成果的话，那么图像对文本的服从，感性对"事件"的服从，就使得艺术具有了"不可估量性"，他认为我们时代艺术的显著特征先是"不可估量性"，这就意味着当代艺术是"感性在场和意义之间的差距"②。但是朗西埃认为艺术手段之间共同尺度的丢失，并不意味我们可以随意地将事件纳入艺术品，"艺术手段之间共同尺度的丢失，并不意味着从此以后每个人都可以自说自话，自己确定自己的尺度，这更意味着从此以后，任

---

① ［法］雅克·朗西埃：《图像的命运》，张新木、陆洵译，南京：南京大学出版社2014年版，第158页。

② ［法］雅克·朗西埃：《图像的命运》，张新木、陆洵译，南京：南京大学出版社2014年版，第47页。

何共同的尺度都是特殊的生产,而且这个生产只有通过彻底地对抗混合的无尺度才可能"①。这就意味着当代艺术并不是在某种尺度中寻找自己的艺术原则,因为每个人都有自己的尺度,相反,他们要在任何"本质主义"瓦解的观念之下,在所有共同尺度被废除的地方重新寻找艺术的原则。那么新的共同尺度是什么呢?朗西埃说,"新的共同尺度,与旧尺度相对的尺度,就是节奏的共同尺度,每个分开的感性原子能让图像进入词汇中"②。正是这种异质的感性的碰撞,就产生了共同的尺度,就如朗西埃所说"通过不同物体的碰撞去揭示异质秩序的秘密"③。共同的尺度在这样的碰撞之中产生的原因,是朗西埃认为"可见物并不能自行变成连续的句子,无法产生'没有共同尺度'的尺度,神秘的尺度"④。而且朗西埃认为这种"神秘"就是一个美学类别,是由马拉美构想,并由戈达尔继承的美学类别。

三、美学体制的价值

朗西埃在对温克尔曼《古代艺术史》的探讨之中阐释了艺术的美学体制的价值所在。朗西埃认为温克尔曼评判巴洛克艺术的目的并不是要维护古典再现逻辑,而是要打破那"伟大的静穆"和"庄严的简朴"的审美传统,让我们意识到,形式上的和谐,表现中的力量在艺术的美学体制之中是有所变化的。《拉奥孔》的魅力就是表明了一个道理,"美的本质,源自表现的不在,在于悬置未定""不再去追求思想和感情的真

---

① [法] 雅克·朗西埃:《图像的命运》,张新木、陆淘译,南京:南京大学出版社 2014 年版,第 57 页。

② [法] 雅克·朗西埃:《图像的命运》,张新木、陆淘译,南京:南京大学出版社 2014 年版,第 61 页。

③ [法] 雅克·朗西埃:《图像的命运》,张新木、陆淘译,南京:南京大学出版社 2014 年版,第 78 页。

④ [法] 雅克·朗西埃:《图像的命运》,张新木、陆淘译,南京:南京大学出版社 2014 年版,第 81 页。

实表达"①。使得艺术不再追求比例、和谐、体裁、主题,而仅限于直接表达出某种感觉或思想,"再现逻辑因自身矛盾引发的革命,它不再追求身体运动要表现得体,不再坚持比例要和谐,不再规定某个主题某个体裁要怎么表现,它的主张改成了彻底的摹仿,直接表达出各种感情和思想"②。其实朗西埃所说的彻底摹仿,就是艺术的美学体制是完全根据感情和感觉而进行分配和表现的,并不是同于再现体制或传统意义上的"模仿说"。他还进而说,"每个姿势都体现思想,每个眼神都昭示新的感情"。在这样的体制之内,抛弃了再现逻辑的核心,让表现"悬而未定"。朗西埃说艺术的美学体制"标示艺术事物对其再现体系的摆脱,不再意味着有一些事件和情况已经原则上摆脱了相应的连接,主题在这里不再服从言语的可见物的再现性调节,不再服从意指过程对故事结构的认同"③。

纵观西方美学史我们不难发现,朗西埃所提出的三种艺术体制与我们对西方美学史的三个历史阶段和转折的划分看似有某种同一性。比如,黑格尔所划分的象征型艺术、古典型艺术、浪漫型艺术,似乎与朗西埃的三种艺术体制有某种联系。但实际上,朗西埃的划分与黑格尔完全不同。黑格尔对美学史的划分是基于其"绝对精神"和"理念"的哲学基础,"美的理念"只是借助感性的形象来展示自己,艺术的类型就是"美的理念"的自我实现的过程,就是绝对精神不断走向完满的过程。由此黑格尔划分出古代东方产生过典型的"象征艺术",盛极一时的古希腊的"古典型艺术",以及理念显现的重心转移的"浪漫型艺术";但朗西埃的划分标准和基础是与黑格尔的绝对理念完全相反的"感性",这种划分是"感性"显现自己的方式,而不是理念显现自己的方式,二者本质是不同的。与朗西埃同时期,同样是法国左翼思想家巴迪欧也提出了西方美学史的划分方

---

① [法]雅克·朗西埃:《美感论:艺术审美体制的世纪场景》,赵子龙译,北京:商务印书馆2016年版,第16页。

② [法]雅克·朗西埃:《美感论:艺术审美体制的世纪场景》,赵子龙译,北京:商务印书馆2016年版,第17页。

③ [法]雅克·朗西埃:《图像的命运》,张新木、陆洵译,南京:南京大学出版社2014年版,第161页。

法,他将西方美学史划分为教诲式美学方案、古典式美学方案、浪漫式美学方案。某种程度上,朗西埃与巴迪欧的划分有很多相似之处,比如,巴迪欧的教诲式美学方案也是柏拉图式的美学原则,古典式美学方案也是亚里士多德诗学的原则,浪漫式的美学方案也是德国浪漫主义美学的原则,对各个时期的代表人物的划分,看似非常一致。但朗西埃与巴迪欧的不同之处表现在,巴迪欧关注的焦点和核心问题仍然是具有逻各斯中心主义和精英知识论范式的"真理"问题,"真理"问题是巴迪欧哲学的基础和焦点。因此,他是根据艺术与真理的关系对美学史进行的划分,划分的标准就是艺术可否把握和表现真理。艺术可以把握真理的美学方案,就是浪漫式美学方案;艺术不可以把握真理的美学方案,就是教诲式美学方案和古典式美学方案。从这点可以看出,巴迪欧的理论气质与朗西埃是有所不同的,立足点也是完全不同的。朗西埃的立足点是"感知的分配/分享",是基于艺术所表达的内容而言的,是对艺术体制所纳入的感性对象来说的,而且从"分配""分享"来说,朗西埃始终具有着平等和民主的维度,是更接近艺术的感性特质本身,更具有感性的维度和理论气质。

朗西埃更与众不同之处在于,他的三种艺术体制划分具有"去历史性"和"超历史性"的特点。艺术体制的划分,并不是意味着从某一个时代开始什么样的艺术就变得可能或者不可能,并不是意味着17世纪的艺术就是属于再现体制,19世纪的艺术就是属于美学体制。艺术体制的划分不是线性的历史演进,而是体现了"去历史性"和"超历史性"。新体制的出现未必完全代替了旧的体制。比如,朗西埃认为,尽管艺术的美学体制是法国大革命以来的主要艺术体制,但它却并没有完全取代影像的伦理体制和艺术的再现体制。所以,他认为每个体制内的作品,并不是严格地按照历史的顺序和风格划约的,而是有着独特的构成性原则。这种独特性的构成原则就体现在每个艺术体制内的作品共享着其共有的感性特质,每个体制都有其独特的自主性的元素。因此,艺术的体制既不完全是历史时期的,也不完全是纯粹的逻辑的演进,而是按照对艺术的不同的感性、感觉进行划分、分配的结果。

由此,朗西埃明确地给予了美学如此的解释:"美学不是艺术领域的新名称，也不是一般意义上归于'诗学'概念下的新领域，而是这个领域的一个特殊构型，标志着思考艺术的体制的转换。"① 作为一个法国激进左翼的思想家，朗西埃特别之处就在于，他总是以激进的态度审视一切，当他发现了感性和审美的这种特性之时，他就坚定地认为，美学不再是一个学科，是与法国大革命同时诞生的思考方式，是质疑层级制度、等级秩序的一种方式，是一种超越的态度和能力。因此，美学就是要对感性世界进行重构，以达成新的分配。因此，朗西埃称自己正在进行的是一场美学的革命，使得不可见、不可听、不可说者都进入了美学体制之中，"现代美学的决裂……这是与某种艺术体制的决裂，现代的美学革命……它废除了过去让艺术等级向社会等级看齐的平行主义，肯定了没有高贵或低贱之分的主题，一切都是艺术的主题。但是它也废除了那个分离原则，这一原则将形式模仿的实践与日常生活的物体相分离。"② 因此，美学不是"再现"，再现的逻辑依然意味着某些人比另一些人更有资格发声，更没有资格表达，美学要打破这种逻辑，美学革命所描绘的场景，就是提出将美学对统治的支配性关系的悬搁，转变为没有统治的世界里的生成性原则。

不难看出，艺术的美学体制的革命性就在于它的"平等"维度。朗西埃以"平等"为维度的认识论，从知识解放的进路来探索人之解放的路径，以"歧义"来打破各种现有的"感觉的分配"模式和逻辑，打破知识的分野、拓展知识层面的力量，使得原本体系和体制之外的"无分者"，获得主体地位。这里可以看出，审美的平等维度是朗西埃一直以来所进行的重大的理论建构，在朗西埃看来，"仅仅取消模仿的规范和等级制度是不够的"，要取消的是"整个意义系统"③。所以，某种程度上来说，朗西埃是一个矛盾的理论家，他一方面解构着西方传统的逻各斯中心主义及精

---

① J. Rancière, *The Aesthetics Unconscious*, Trans. Debra Keates and James Swenson, Cambridge: Polity Press, 2009, p. 7.

② [法] 雅克·朗西埃：《图像的命运》，张新木、陆洵译，南京：南京大学出版社2014年版，第139页。

③ [法] 雅克·朗西埃：《词语的肉身：书写的政治》，朱康等译，西安：西北大学出版社2015年版，第219页。

英知识论所带来的不平等,另一方面却在努力建构着他的"平等"的理论体系大厦。从这个意义上看,朗西埃依然是具有建构主义风格的现代理论家,他解构的目的仍然是为了建构,只是其所建构的目标和方向是与传统主义美学相反的,但是在方法论上来讲,其实与前人无异。

第四节 艺术的走向与美学的命运

经由古希腊、中世纪、近代的历史长河,被至高无上的神或具有普遍性的逻各斯所压制的艺术在现代获得了自主性,艺术不再拘泥于"技艺"的范畴,不再是神和上帝的附属品,摆脱了依附性的命运。在这个过程中,康德美学的诞生无疑强化了艺术在生活世界中独立的态势,艺术自律也同样开启了现代美学的神话,从康德、席勒、黑格尔到20世纪的海德格尔、阿多诺、阿瑟·丹托等,都进行了艺术自律的种种构想,"自由的艺术""美的艺术""天才的艺术""游戏的艺术"都在试图说明,艺术和美学的自由品格和自主性。由此,也坚信了艺术超然于现实的救赎功能,这也是审美现代性的起源和美学神话诞生的理论基础,但朗西埃对此有不同的见解。

一、艺术的自律与美学的神话

康德将感性纳入他的先验哲学考察范围内来探讨人与世界的审美关系。在康德先验哲学体系之中,艺术自律的基础——判断力也被康德认为是先验范畴之一,康德认为人的心灵具备三种能力:认识的能力、愉快不愉快的情感能力和需要的欲求能力。这种"愉快及不愉快的情感能力"就是康德所认为的鉴赏判断力,而且其具有先天的沟通能力,能够沟通纯粹理性与实践理性的鸿沟,这一过程具有审美的意义和价值,因为其不依赖于概念,也不依赖于目的,"无目的的合目的性",而且是普遍可传达的,从而为其确立了具有"共通感"这样的先天原则。因此，康德通过对审美判断力进行先验预设，将艺术脱离技艺层面，获得了独立自主性。

康德所创立的"无目的的合目的性""形式游戏""审美无功利性""天才论"等对艺术和美所作出的规定性，使得现代艺术和美学向着自律的方向越走越远。康德哲学的终极目的是解决人的自由和道德问题，审美的沟通具有中介的作用，使得其成为解决道德和自由问题的关键环节，也因此被理解为具有了解放的功能和价值。由其开启的现代唯美主义美学、形式主义美学、艺术先锋派、实验艺术以及新左派的审美救世论都坚信了美学所具有的自主性和独立性。都视美学的自由品格为无上法宝，尤其是马克思及西方马克思主义者，也都将艺术和美学的独立自由品格视为批判和改变世界的力量。

唯美主义者更直接和明确地张扬了艺术自律的原则。以罗斯金、波德莱尔、王尔德等为代表的"为艺术而艺术"的唯美主义者，高举审美现代性大旗抵抗世俗主义的文化运动。面对现代性危机，唯美主义者求诸艺术的自救，而批判理论家则用艺术来普度众生。尤其20世纪30年代，艺术自律被法兰克福学派运用到了其批判哲学思想体系的核心位置，阿多诺、马尔库塞等的批判理论运用艺术自律的原则，以"否定美学"为核心范畴批判了发达资本主义工业社会的异化问题，倡导美学的审美原则，能够使人获得"解放"或"救赎"。以阿多诺为代表，他认为西方垄断资本主义时代中工具理性占绝对地位，技术理性压制人的自然属性。阿多诺认为，艺术和美学的自由本质使得其具有反抗精神，"艺术的社会性主要是因为它站在社会的对立面……这种具有对立性的艺术只有在它成为自律的东西时才会出现"[①]。

但朗西埃对此却有独特的认识。他认为以上学者对艺术的理解并没有实现真正的自律，他在《影像的命运》中分析了现代艺术的两种形式。第一种形式就是艺术自律，将艺术看成与一般的感知形式的断裂，艺术是要

[①] [德]阿多诺：《美学理论》，王柯平译，重庆：四川人民出版社1998年版，第386页。

与日常生活经验保持距离。这种艺术自律典型地表现在康德的"形式"、唯美主义的"为艺术而艺术",以及法兰克福学派尤其是阿多诺的"否定美学"之中,支持艺术与生活分离,艺术具有自主性;第二种形式就是强调将艺术实践转变为集体生活的形式,艺术因其致力于社会和政治的变革而失去了其独立的地位。这种形式体现在俄国建构主义、包豪斯学派和各种实用艺术思潮之中。艺术贴近生活,属于新生活或行动的艺术。

朗西埃以阿多诺为例,批判了艺术自律和美学救赎功能的不足之处。朗西埃认为阿多诺所倡导的艺术自律性与社会、政治的解放承诺直接结合起来了,在阿多诺对文化工业的批判过程中,以艺术的自律性为目标,倡导艺术和美学要成为否定现实的力量,要对异化的资本主义文化工业进行批判,而不该再追求古典的和谐。但在朗西埃看来,阿多诺等法兰克福学派对艺术的批判还只是纸上谈兵,将对现实的解放力量寄托于艺术和审美之中,艺术是无力的,只能以异化对抗异化,实际上却是剥夺了艺术的自律,"阿多诺的艺术之社会功能,是一种无功能。那一平等主义式的潜能,是包含于作品的无感性中的,属于自治领域,无意于改造社会或点缀平庸生活。政治先锋派与艺术先锋派是合拍的,就因为他们之间的这种缺乏连接"①。所以朗西埃认为阿多诺的这一解放承诺表面上看是自律的,实际上却陷入了深深的他律之中,是更深层的异化。而且朗西埃还认为,艺术自律实际上造成了一定的断裂,并没有真正实现其自律性,"艺术的现代性就是说每种艺术都取得了自治(或自律),这种自治的表现即,一些典范作品,造成了历史进程的断裂,这些作品既抛开了过去的艺术,也摆脱了日常生活中'审美化'的形式"②。在朗西埃看来,长久以来,艺术的自律并没有实现,由康德开启的审美自由,也只是艺术自律的表面,实际上,以艺术为批判的武器依然没有摆脱政治和伦理的附庸之命运。

----

① 陆兴华:《电影就是政治:朗西埃电影理论研究》,载《文艺理论研究》,2012年第6期。
② [法]雅克·朗西埃:《美感论:艺术审美体制的世纪场景》,赵子龙译,北京:商务印书馆2016年版,第5页。

二、艺术的终结与美学的退场

与康德和浪漫主义的艺术自律原则不同,黑格尔在近代为美学和艺术浇了一盆冷水,"艺术终结论"的提出使得美学和艺术的地位遭到了重创,尤其被后来的阿瑟·丹托及花样繁多的后现代主义艺术形式的推波助澜,"艺术终结"论反映了从古典艺术到现代艺术、后现代艺术的裂变。

1817年,随着市民社会的兴起,并且为服务于自己的绝对理念发展的庞大体系,黑格尔最早提出了"艺术终结论"。他从绝对理念演变的历史来考察艺术的发展问题,认为与作为观念和精神的宗教和哲学相比,作为以感性形式对绝对理念彰显的艺术,在艺术的三种类型的发展过程中,物质的因素会越来越少,精神的因素会越来越高,浪漫型艺术便已实现了精神的极大彰显。黑格尔认为不同于象征型艺术、古典型艺术,浪漫型艺术中形式弱于内容,最高的美不是形式的美,而是精神的美。特别是我们现代世界的精神,或者说得更恰当一些,我们的宗教和理性文化,就已经达到了一个更高的阶段,艺术已不再是认识绝对理念的最高方式。思考、逻辑和哲学已经比形式美的艺术飞得更高了,也就是亚里士多德所说的"纯形式"是最高的形式。黑格尔认为,在经历了浪漫型艺术之后,艺术的感性本质使得其必定不能实现宇宙和人类的绝对理念,必定要被宗教和哲学所取代。黑格尔说:"艺术对于我们现代人已是过去的事了。因此,它也已丧失了真正的真实和生命,已不复能维持它从前的在现实中的必需和崇高的地位,毋宁说,它已转移到我们的观念世界里去了。"[①] 如维柯在《新科学》中也认为,形象思维必定会被抽象思维所取代,艺术也终将被哲学所取代。

其实,在200年前的那个时代,黑格尔的"艺术终结"并不能说服大家,因为在黑格尔断言艺术终结的时候,以他所说的浪漫型艺术为特征的

[①] [德]黑格尔:《美学》(第1卷),朱光潜译,北京:商务印书馆1979年版,第15页。

现代艺术正如火如荼地进行着，浪漫主义、批判现实主义、印象派等艺术形态势不可挡。因此，其实黑格尔的"艺术终结"论在实践层面来说不攻自破。

但是，与黑格尔时隔150年，当阿瑟·丹托再次提出"艺术终结论"时，社会文化的发展却是另一番景象了。1964年，丹托在纽约参观沃霍尔展出的肥皂包装箱时，他明确地意识到艺术已经终结了。丹托吸收了黑格尔"艺术终结论"的观念，但却从对现代艺术现象的变化和理解出发，深化了"艺术终结论"。他从艺术史的观念出发，力图以"艺术终结"的调整实现全新的艺术史建构。丹托以杜尚的《泉》作为"现成的艺术品"为例，谈到了艺术观念和美学观念在当代或者说后现代主义范式之下所产生的审美结构的变化，杜尚的《泉》是对传统艺术和美学的定义，艺术以自身的异化和终结，试图消解和对抗宏大艺术美学叙事的整体性和权威性。由此，可以看出，丹托与黑格尔是不同的，不同在于，黑格尔论述艺术终结的目的是弘扬了其哲学和绝对理念的总体性话语。而丹托认为艺术终结的目的，是使得艺术摆脱关于理念、总体、绝对、同一话语逻辑的限制，是对古典和理性哲学话语形态制约之后，艺术自身话语的解放。丹托意在，现代主义艺术流露出了更强的个人的情感、感性色彩。"当艺术使自身历史内化时，当它开始处于我们时代而对其历史有了自我意识，因而它对其历史的意识就成为其性质的一部分时，或许它最终成为哲学就是不可避免的了。而当它那么做时，好了，从某种重要的意义上说，艺术就终结了。"[①] 由此以来，丹托认为，后现代艺术使得现代艺术的宏大叙事终结了，没有任何叙事话语能够再次成为艺术历史的霸权，所有艺术在后现代都具有了话语权和合法性，"不再有一种具有决定性的风格的客观结构，或者，如果你愿意，应该有一种在其中什么都行的客观历史结构。如果什么都行，那么，就没有什么会受到历史的管制：一件东西可以说是和另一件东西一样好的。在我看来，那就是后历

---

① ［美］阿瑟·丹托：《艺术的终结》，欧阳英译，南京：江苏人民出版社2005年版，第19页。

第三章 审美的感受：可感物的分享

史艺术的客观条件"①。与丹托艺术终结相伴随的是美学的退场。后现代主义否认了美学的真理性，否认了美学的价值，消解了美学的意义，企图用文化学取代美学。使得美学在20世纪后半叶曾一度衰退，被各种文化形式和消费形态的思想所侵占。

虽然朗西埃借鉴了丹托的理论，他也同样认为当代艺术的确是任何东西都可以也应该纳入艺术的体制之中，但朗西埃恰恰提出了与其相反的结论，他拒绝历史终结、艺术终结这样的观念。朗西埃不但认为艺术没有终结，反而认为正因此，艺术在当代获得了更重要的位置，反而重申了美学的价值，而且这种价值恰恰体现在艺术、美学与生活的渗入之中。艺术自律倡导艺术的自主性，拒绝涉足世俗世界和日常生活，强调了艺术至上。而与此相反的就是"成为生活的艺术"，朗西埃认为美学现代性就是在坚持艺术自律的同时，艺术向非艺术、艺术向生活扩张，抹除其作为艺术的独特性，艺术变成一种生活的形式。从朗西埃的论述中，不难看出，这种艺术是与生活紧密相连的，是离不开生活的，艺术要为生活服务，甚至生活就是艺术，艺术成为了生活的形式。

由此延伸到艺术的美学体制之中，朗西埃认为，在艺术的美学体制之中，也存在诸如上述两种相互冲突的美学形式，即"作为抵抗形式"的艺术和"成为生活的艺术"。朗西埃对"作为抵抗的艺术"的批判的对象以利奥塔为例。利奥塔的崇高美学虽貌似抹去了阿多诺所说的解放叙事，貌似通过震惊消解了元叙事的宏大模式，但朗西埃认为，利奥塔也只是对元叙事的一种简单的扬弃，并没有真正地打开异质的微叙事空间，"奥塔所做的并未真正脱离普遍受害者的宏大叙事，而恰恰是一种回溯的方式重构了这种叙事，以便重新利用它"②。在对艺术终结和美学退场的话语模式之中，朗西埃所倡导的是美学的在场，不但在场，还无所不包、无所不在地

---

① [美] 阿瑟·丹托：《艺术终结之后》，王春辰译，南京：江苏人民出版社2006年版，第47页。

② [法] 雅克·朗西埃：《思考"歧感"：政治与美学》，谢卓婷译，载《马克思主义美学研究》，2014年第1期。

具有一种强有力的力量。

三、日常生活审美化与美学的泛化

可以说,在经历了艺术自律和艺术终结、美学神话和美学退场的历史命运之后,艺术和美学在后现代或者当代世界图景之中展现出了另一番景象。艺术与生活边界的交叉融合,已经使得日常生活审美化,审美日常生活化。当前,波普艺术、新现实主义、行为艺术、观念艺术等艺术形态异彩纷呈、蔚为壮观,文化学、伦理学、地理学、生态学、历史学、人类学、民族学、政治学等都在美学领域实现了自己的拓展,空间美学、生态美学、新历史主义批评美学、政治美学等,都使得艺术和美学更加多元化、自由化、泛化。

正是在此意义上,朗西埃认为传统的对于现代主义的界定和艺术史的划分,不能分析过去两百年来艺术的真实情况,而且还可能是一种错误的分析。朗西埃曾说,"现代性"的观念"试图将艺术的审美机制的复杂碎片做泾渭分明的区分"[1],这样做,掩盖了艺术的美学体制里所发生的一切艺术的、美学的事件和特征。他审慎地拒绝了格林伯格式的艺术现代性的观念,这种观念使得不同的艺术门类致力于开发其特定媒介的能力获得其独特性。比如,文学和诗歌的现代性关注非及物的语言,即不具有交流用途的语言;绘画的现代性致力于探索颜色的呈现和二维平面;音乐的现代性被视为第十二音的语言等。在朗西埃看来,后现代时期的艺术的危机就在于,这种现代的模式不再适合解释后现代艺术。由于后现代是对于现代及古典宏大叙事的理论拒斥,所以朗西埃说,"现代性的目的论模式已经站不住脚了,与之伴随的是它对不同艺术'区别性特征'的辨别和纯粹艺术领域的划分也不再被认可"[2]。

---

[1] J. Rancière, *The Politics of Aesthetics: The Distribution of the Sensible*, Translated by Gabriel Rockhill, London and New York: Continuum, 2006, p. 26.

[2] J. Rancière, *The Politics of Aesthetics: The Distribution of the Sensible*, Translated by Gabriel Rockhill, London and New York: Continuum, 2006, p. 28.

第三章 审美的感受:可感物的分享

朗西埃反对以"再现"和"反再现"的概念对西方艺术史进行"传统"与"现代"的划分,这也是朗西埃提出艺术的体制的划分的原因之一。因为,他认为传统的、古典主义、现实主义、超现实主义、现代主义和后现代主义的划分方式"并不能够解决两百年来在艺术和审美经验中发生的事情"。因此,朗西埃认为不同门类艺术的交叉融合彻底打破了传统与现代艺术的分野。比如,现代建筑之中,将结构美学和装置美学的原则与现代建筑科学结合,使得现代建筑的功能范式被打破,现代建筑的美学功能日渐凸显。传统的真实视觉效果的绘画被波普艺术所打破,绘画不再追求再现的真实,而是注重情感的传达和内心的彰显。当代艺术界,各种新的艺术形态层出不穷,观念艺术、波普艺术、装置艺术、影像艺术、行为艺术等花样翻新,各种异质元素组合在一起形成一个微型的可感的、可重新分配的经验世界,按照朗西埃的说法这样丰富的异质元素组成的现代艺术景观与我们的日常经验是可共通、可共享的。"艺术绝没有因为世上的平凡事物加入其中而衰退,相反,艺术在不断的自我更新,带来改变,比如,它总是将故事、形式、画面中的理想再次展现,从而促使行动产生启迪、带来发现,它总是打破先前艺术特有的定义,模糊日常生活和艺术间曾有的边界,建造它独有的领域。"① "这种个性源自众多原子的无区别混合:比如一株野草、一股扬尘、一个指甲碎片、一缕阳光的会合,它们在日常生活和表现传统中,组成了表达不同个体的情感和看法的东西。"② 如果从历史的线性发展来说,这种当代艺术无疑是属于现代艺术范畴,但朗西埃认为对于当代艺术我们很难界定其是再现的还是表现的,是古典的还是现代的,是现代的还是后现代的。就像朗西埃说:"后现代主义是假借某些艺术家和思想家之名行现代主义之实:通过将艺术与历史进化和断裂的简单意识形态相联系从而建构'艺术的区别性特征'的无

---

① [法]雅克·朗西埃:《美感论:艺术审美体制的世纪场景》,赵子龙译,北京:商务印书馆2016年版,第3页。
② [法]雅克·朗西埃:《文学的政治》,张新木译,南京:南京大学出版社2014年版,第56页。

望企图。"① 那么，在朗西埃看来，现代性或者说现代艺术就孕育于这样一种张力空间之中，"如果说艺术的现代性意味着什么，它正是意指两种现代主义和隐藏其中的内部张力。张力不会稳定的对峙，它打开了艺术生产和审美经验的多元形式"②。在这种张力之中，各种多元的、偶然的、异质性元素得以重新进入或构成一个崭新的美感共同体，产生崭新的审美感受。

而且，朗西埃还认为实际上审美自律和日常生活审美化的观念并不是完全对立的。相反，他们共同构成了艺术美学体制的内涵，两者彼此关联又构成张力。朗西埃认为艺术的自律或者他律都不是艺术的本质，艺术的美学体制就是自律与他律的和谐自由愿景。在日常生活审美化视域内，朗西埃通过对马拉美的象征主义和现代主义的设计家彼得·贝伦斯之间的共同点，阐释了现代美学或者朗西埃的艺术审美体制内的日常生活美学的特点。朗西埃认为在文学领域内，马拉美的诗歌具有审美自律性，而现代主义设计运动谱系范围内的贝伦斯，致力于将审美运用于日常生活的方方面面，致力于转变集体生活的空间和对象。但朗西埃认为二者在感性的共享视域下，达到了相同的效果。就是马拉美的象征主义激活了不同艺术领域的交流，激活了大众的文化和日常生活感性和情感的流动。比如，朗西埃用"感性分配/分享"的思维范式来理解和阐释马拉美的《骰子一掷永远取消不了偶然》这首诗时，朗西埃认为，马拉美用各种抽象的形式、诗歌的语言符号、舞蹈的空间编排及骰子的不可预知的位置的设计，书写和建构了一个"没有等级的世界的形状"，而且可以看出，马拉美并不奉行"为艺术而艺术"的唯美主义主张。正因此，贝伦斯的设计理念和意图也与马拉美有所相同。比如，贝伦斯试图开发出的简洁的艺术设计形式，也是寻求一种审美平等的世界图景，因为贝伦斯认为过多和过为奢华的装饰品就是贵族文化的残余物，就是社会分层的审美产物，因此，朗西埃评价

---

① J. Rancière, *The Politics of Aesthetics*: *The Distribution of the Sensible*, Translated by Gabriel Rockhill, London and New York: Continuum, 2006, p. 28.

② 杨成瀚:《"与洪席耶面对面：洪席耶作品与思想座谈会"记录》，载《文化研究》，2012年第15期，第348页。

第三章 审美的感受：可感物的分享

贝伦斯"将自己视为一个艺术家，由于他试图创造一种与工业生产的进步和艺术设计而不是商业活动或者小资产阶级消费相符合的日常生活文化"①。这样审美平等的日常生活艺术之中，唤醒了昏睡的日常用品或者媒介的作用，如当前装置艺术的繁盛正说明了这个问题。装置艺术是与20世纪六七十年代以来的波普艺术、观念艺术等一脉相承的，各种现实的日常生活世界之中的已消费或未消费的物质等都以物品的形貌被纳入一种艺术的逻辑，装置艺术就是在生活与艺术、艺术与非艺术这种不确定性之中，彰显了现当代艺术的特质，是媒介变成本质，本质消解为物品，使得"装置艺术就这样让图像那变质的和不稳定的本质尽情游戏"②。

总之，朗西埃认为艺术的审美功能，就是要能够制造对人来说实际需求的物品，"让物品更能为每处个人的住所置入符号，来象征一种在世界上安居的共同方式"，并尝试用审美的方案来应对生活的问题，"一件作品或一个特定行为，作为一个自我封闭的整体，如何可以同时属于一个更高的整体"，"批量生产大众用品"③，朗西埃认为这是艺术对生活的感性改良。

本章小结

朗西埃从"政治"对"治安"逻辑的打破入手，扩大化了传统"政治"概念的外延，使得"政治"获得了更广阔的微观政治空间。而且朗西埃创造性地发现了感性的可分配和分享的功能，是可以与微观政治的微观感性形态有效对接的。对可感性的重新分配就使政治具有了"歧感"的效

---

① J. Ranciere, *The Future of the Image*, translated by Gregory Elliott, New York: Verso, 2007, p. 140.

② ［法］雅克·朗西埃：《图像的命运》，张新木、陆洵译，南京：南京大学出版社2014年版，第34页。

③ ［法］雅克·朗西埃：《美感论：艺术审美体制的世纪场景》，赵子龙译，北京：商务印书馆2016年版，第161页。

用，让那些不可见、不可听、不可说者重新分配在既定的社会秩序结构之中。为此作为研究感性的美学，也具有了对感觉经验进行重构、重新分配的价值。由此，审美的感受，并不是如近代经验论和唯理论之争中指向人的内心的如"内感官""第六感官"等审美心理，而是指向一种公共性，这种审美感受的公共性就来自于感性的可分配和分享的价值，也就是美学的价值，以及基于公共性的平等价值。从朗西埃的研究视角来看，感性具有平等的意味，美学具有革命的价值。审美革命的发生是与法国大革命差不多同时代出现，这不无必然，所以，美学就是与平等紧密相连的，因为"分配""分享""分"都凸显了"平等"的价值，由此朗西埃建构了他的艺术的美学机制和审美政治理论。艺术的再现体制内主题、体裁、文类具有严格的等级关系，它决定了哪些东西可以成为艺术品，哪些东西不可以，由此还对艺术进行了高低的划分。正因为艺术的再现体制体现了不平等，朗西埃认为只有艺术的美学机制，因其对感觉重新分配，因其感性的分享效果，从而打破了再现体制的等级，冲破了精英话语和权威话语的藩篱，使得艺术从神坛降到人间，使得艺术与非艺术、艺术与生活的边界消除，从而具有"平等"之效力。真正的"平等"是"艺术的审美体制"取消了题材之间的等级关系，容许普通事件、人物成为艺术主题，从而提升了无名者的地位，体现平等，但这并不意味着让艺术混融于日常之中，而必须要给无名者赋予光环。无名者在光环之中得到了保存和揭示，也才能让观众愿意观看和参与到艺术作品之中。同时，朗西埃还认为与艺术的再现体制将形式赋予物质、用概念规定质料有所不同，艺术的美学机制意味着艺术被建构为感性的审美经验，悬置了日常生活经验中感性的被动与理性的主动之间的等级关系，这也是当前社会之中，日常生活审美化、审美泛化这一理论演说的典型见证。但无论是从对艺术自律的坚持者，到艺术终结的提出者，其实一直如朗西埃所言，艺术并不能完全脱离现实的感性质料和日常的感性生活。艺术与生活的融合并不代表艺术不再自律、不再自由，也不代表艺术又一次地变成附属品，成为日常生活的附庸，而是艺术在坚持自律的品格之下，发现了生活的现实维度，以及更与人的需求相对接，这或许应是当代艺术该有的特点和本质内涵。

第四章 审美的民主化：
感性分享领域

朗西埃从"感性"的可分配、可分享的维度出发，试图利用"感性"所具有的沟通、共通能力，冲破既定秩序的牢笼，打破再现体制等级限制，从而创造艺术的美学体制。各阶层的审美界限被打破，高贵的审美特权被瓦解，艺术等级被取消，感性解放、分配、分享的结果就是，在当代感性及其审美维度被发挥极致，无论是波德莱尔的《恶之花》、艾略特的《荒原》、纳博科夫的《洛丽塔》、杜尚的《泉》，还是行为艺术、身体美学、家居美学、环境艺术美学等，日常生活审美化的景象越发繁茂。但是在朗西埃看来，这样的日常生活审美化正是使得审美具有了民主化的色彩。感性经验的广泛分配分享，使得各阶层可以共享同一个曾经不可共享的感性经验，共在一个感性共同体。这样感性的分配和分享，体现在现当代包括文学、诗歌、电影、雕塑、舞蹈等众多艺术形式之中。可以说，朗西埃既介入政治、介入哲学，也介入文学和艺术。他的身上，我们看到都是"对话者"，各个领域的对话者，文学的、电影的、哲学的、精神分析的、美学的、政治的……而在朗西埃看来，能够贯穿这些领域的根源依然是感性自身所具有的"分配"和"分享"的价值。

第一节　文学的介入

文学的创作及其存在形态，无疑成为朗西埃"感性可分配"和"分享"的重要领域之一，从其对大量文学作品的分析中我们足见一斑。小说、诗歌等文学形式将个体的感性形貌以具有公共性的媒介传达下去，而且朗西埃对于文学及文学性的阐释是由语言和言语问题开始的。正如在《词与物》中福柯认为，现代人的标志就是"人是说话的、有生命的和劳动着的人"，"说话的""有生命的""劳动着的"，这三个维度是福柯所界定的现代人的形象，"说话的人"意味着语言是"存在的家"，现代人是把语言置于至高无上的位置的，但是，福柯又说，所以现代人是"不得不说话，不停说话的人，换言之，体验或体悟被抛弃"①。也就是说，现代社会，尤其西方现代社会，制造了一个语言的牢笼，人被控制在语言的迷宫世界之中而不知所以，任其支配，语言成为一种通过他者的网络控制主体的新型的权力，人因语言而陷入新的"异化"之中。语言就是一种权力，语言就是一种甜蜜的暴力，让我们在无声无息之中被其挟持要挟。面临现代人这样的窘境，朗西埃试图并一直努力地打破这种语言霸权的藩篱，反其道而行之，而其思路的起点恰恰是因为他认为"语言"自身就具有突破权威的可能，那就是话语是可以表达不同意见的，每个人都有运用语言表达自己、阐述自己、书写自己的能力和权利。

一、文学的无声性

在朗西埃的美学框架体系之中，言语具有重要的地位。而且，朗西埃

---

① 刘永谋：《现代人的境遇与解放——福柯人学述评》，载《中国人民大学学报》，2006年第6期。

第四章 审美的民主化：感性分享领域

创造性地提出"无声的言语"的概念，这是一个与文学和政治都紧密相关的概念。在他的《词语的肉身：书写的政治》中，他提出了"无声的言语"，也被他叫做"哑言"的概念。"哑言"是朗西埃的重要美学范畴。他用弗洛伊德的"无意识"概念发展出其"不思想的思想"概念，并且认为"不思想的思想"对应着一种新的书写观念——"哑言"（Mute Speech）。他将"哑言"分为两种形式："其一是写在身体上的言谈，需要一系列的解码和重写活动来恢复语言的意指活动；其二是潜伏在意识和人和意指活动之间的无名力量的无声语言，其身体和声音都必须被给予。"①

在"哑言"的第一种形式中，"写在身体上的言谈"，意味着意义铭刻在事物的身体上，文学是对其所蕴涵的意义进行解码的过程，文学解码活动本身就是对无意识的分析，这就是"思想存在于无思想之中"，这也恰恰是审美革命的产物。因此，朗西埃认为弗洛伊德的无意识精神分析理论只有艺术的审美体制之中才有。尽管弗洛伊德试图在这无意义之中重新寻找意义和价值，重新返回到了朗西埃所说的艺术的再现机制，但朗西埃却认为，艺术的再现机制必须进行审美的革命，进入到艺术的美学机制；"哑言"的第二种形式就是事物的彻底"哑性"，这也意味着没有意志、没有意义。这种无意义的虚无主义在尼采、萨特、易卜生、瓦格纳等人的美学和文学作品之中尽显无遗。朗西埃还借博尔赫斯的话进一步说："这种文学能够预言一个时代，这时的文学将沉默不言，极力反对自身的美德，热衷于自身的解体，逢迎自己的终结。"②

朗西埃认为"哑言"就是一种无声的书写。在《哲学家和他的穷人们》一书中，他明确提出："书写是无声的话语（discourse）。"虽然书写是沉默的、无声的，但在书写的无声世界里，隐藏着众多异质的声音，并形成一股无形的力量。朗西埃曾对"文学"做过这样一个定义："文学一词首先意味着：再现对象不再限定体裁与风格。任何文字都无法指明令其

---

① J. Rancière, *The Aesthetic Unconsciousness*, Malden: Polity Press, 2009, p. 41.
② [法] 雅克·朗西埃：《文学的政治》，张新木译，南京：南京大学出版社 2014年版，第209页。

合法化的规则，或拥有它的读者。"①这意味着几个层面的不确定性，首先，书写既不知道自己的读者是谁，也不知道自己会流向何方；谁都可以阅读它，没有人规定它该向谁诉说；没有固定的读者，也没有固定的观众和听众；言语和声音都变成了没有差别的文字，可以被任何人所书写和表达。

朗西埃的这一观点可以说受到了柏拉图和维柯的启发。柏拉图在《斐德若篇》中记载，埃及的古神塞乌斯向国王萨姆斯传递技艺时，萨姆斯认为"文字"是罪恶的，因为它剥夺了人类记忆的欲望，对"文字"的过度信任和依赖，使人的灵魂失去了独立自主的回忆。因此，"文字是一帖药，只能提醒，不能医治健忘"。维柯在《新科学》中也宣告了要打破自亚里士多德以来的虚构的说话方式和言语的形态，"维柯在整个概论中，提出了这种倒置：虚构是形象，它是说话的方式。虚构是语言的形态，与语言自身发展的某种状态相一致。"② 朗西埃认为，即使维柯曾忧心地寻找"真正的荷马"，但诗歌并不是维柯的对象，维柯也并不是要建立一种诗学。但维柯对荷马史诗的论断之中，有价值的并对朗西埃产生了影响的就是，维柯激进地认为"诗歌只不过是童年的言语，通过图像—肢体，从原始的沉默走向清晰的言语的人类语言。诗歌'沉默'的言语同时也是一种形式，在该形式下真相昭然若揭，人类如饮醍醐"③。言语尽管无声沉默，但却孕育着无形的思想和真理，而且在无声书写之中显示着一种"平等"维度。

朗西埃认为言语的平等要回归到亚里士多德"人是唯一有语言的动物"的论断之中，亚里士多德在《政治学》的第一卷中就说道："所有的动物中，只有人类掌握了说话的能力，声音无疑是用来标示痛苦或是快乐的工具。其他动物也可以拥有声音，但是他们的本性仅此而已：他们具有

---

① [法]雅克·朗西埃：《马拉美：塞壬的政治》，曹丹红译，开封：河南大学出版社2017年版，第130页。
② [法]雅克·朗西埃：《沉默的言语》，臧小佳译，上海：华东师范大学出版社2016年版，第28页。
③ [法]雅克·朗西埃：《沉默的言语》，臧小佳译，上海：华东师范大学出版社2016年版，第31页。

第四章 审美的民主化：感性分享领域

快乐和痛苦的感受，也可以彼此传达这些感受。然而，说话的功能则在于表达什么是有用的或是有害的，以及其所相应，什么是公正的或是不公正的。因此，人类与其他动物之间的真正的差别，就在于只有人类具有好坏及公正与否的感受。所以，正是这些事物构成的集体合体，才构成了家庭与城邦。"①亚里士多德将人所具有"说话的能力"视为人的一种政治性，因此其对人做了本质的规定"人是一种政治动物"。为此，朗西埃强调"通过这个说话能力，才能将关于公正或不公正的问题放入共同视野，而动物只能用噪音表达痛苦或快乐。但对于柏拉图而言，城邦议会里的那些工匠，也只不过是一些只会发出噪音的动物，他们的'语言'，是向那些用修辞的虚假表象来讨好民众的演讲者所拍出的掌声。这就是为什么他们不得不待在自己的作坊里的原因"②。在朗西埃看来，亚里士多德的语言的逻各斯仅仅区分了人与动物的区别，不但没有得出人与人是平等的，反而得出一个人与人之间"理性言说"的不平等，语言或逻各斯被看作参与政治的基本条件。由此，古希腊的言语带来的是政治的不平等。朗西埃说："亚里士多德有一个著名的说法，说人类是一些政治生灵，因为他们拥有能够将正义与非正义放在一起进行比较的言语，而动物仅仅拥有表达快乐或痛苦的叫声"，但是朗西埃又进一步说，问题的关键是谁是对正义与否，快乐与否的评判者？"谁有资格去评判什么是协商性言语，什么是不愉快的表达。"③言语的共同基础就是统治者与被统治者，无产者、平民、穷人在语言的言说时可以让自己成为言说者，拥有平等的言说权力，让自己成为政治主体的第一步，重构感性领域就得使看不见的被看见，而首先就得有作为主体来言说的共同的基础。朗西埃也认为语言具有政治性，但却是与亚里士多德截然相反的政治性。

----

① ［古希腊］亚里士多德：《政治学》，高书文译，北京：中国社会科学出版社2009年版，第8页。
② ［法］雅克·朗西埃：《讲、展和做：在政治与艺术之间》，陆兴华译，载《艺术时代》，2013年第32期。
③ ［法］雅克·朗西埃：《文学的政治》，张新木译，南京：南京大学出版社2014年版，第4页。

德里达也曾在他的论文《柏拉图的药》中解构了这种"语言中心主义",朗西埃同样批判了这种使人类过度臣服于语言的"语言中心主义"和"逻各斯中心主义",认为自古希腊柏拉图以来,话语和语言就规定了人的等级分配和城邦的秩序,朗西埃也认为,从柏拉图以来,面对写作活动的缺陷,就需要一种新的写作形式和文学来代替,"不像写作,更类似精神的气息;超过写作,显现于说话者的身上,或被印刻在事物本身的质地中"①。

所以,朗西埃所说的"无声的言语"正是因为不知道该向谁说,也不知道自己的听众是谁,才使得这种"无声的言语"或者"无声的文字"具有一种解放和平等的力量,这样的无声文字是具有可传达性的,传达的是自由,谁都可以看这些文字,"首先,所有说出或写下的话语之所以有意义,就在于它们都预设了一种主体,后者通过一种相应的偶然性能够把握其含义,而没有哪一种根本性的符码或字典可以确保这种含义的真实性;其次,不存在两种拥有智力的方式,所有的智力活动都采用同样的方式,即被形式或意义所渗透的具体性,并且其核心始终是在一种言说的意愿和一种理解的意愿之间预设的平等性"②。这也就是朗西埃在《哑言》(Mute Speech)中所认为的,沉默的文字作为解放的"政治"的可能性高于有声语言所起到的效果。因此,在这些无声的文字面前,人人都是平等的。这也是罗兰·巴特"作者之死"和福柯"作者消失"的继承和延续。

二、文学的介入性

在《哲学家和他的穷人们》《词语的肉身》中,朗西埃都提到了20世纪著名的"文学性"的概念,但却赋予了其新的内涵,将文学的"文学

---

① [法]雅克·朗西埃:《马拉美:塞壬的政治》,曹丹红译,开封:河南大学出版社2017年版,第129页。
② [法]雅克·朗西埃:《政治的边缘》,姜宇辉译,上海:上海译文出版社2007年版,第80—81页。

第四章 审美的民主化：感性分享领域

性"理解为文学的"介入性"。

20世纪的"文学性"概念是从对"何为文学"的探讨开始的，最典型的就是萨特的"何为（过去的和现在的）文学"，之后的雅各布森、伊格尔顿、卡勒、福柯等人，对"文学性"概念的阐释从未停止。罗曼·雅各布森认为，使得文学之所以成为文学的是包括平行法、隐喻、夸张、矛盾等形式主义文论所关注的修辞手法等范畴。这一形式主义文学理论的诞生主要就是为了应对一种介入的文学，反对文学的政治性，认为只有从文学的本质出发才能够反对从意识形态等外部来研究文学的策略，倡导文学的形式主义或者是一种陌生化手段；伊格尔顿也同样赞同这种陌生化理论，对形式主义文学也持肯定态度，他认为："'文学性'是由一种话语与另一种话语之间的区别性关系所产生的一种功能"[①]；对于文学的陌生化理论，还有一种"杂草"说法，乔纳森·卡勒说过"文学也许就像杂草"[②]，卡勒借用杂草一词是在对文学的文学性的一种质疑和否定。实在说明文学并不可能有严格意义上的划分标准，更不需要一种本质性的追寻，在任何一部文学作品之中，"文学性"理论的本质没有意义，所以，探讨什么是文学并不重要。

可以看出20世纪"文学性"概念的实质是一种反本质主义的，而且可以说倡导的是文学自治，反政治性的。而朗西埃探讨文学或者利用文学所进行的却是一种"介入"姿态的审美政治。与这些哲学家、文学家对"文学性"概念理解有所不同，朗西埃认为文学所具有的"文学性"是更为激进的，他认为文学语言自身所具有的"不规则的形态"就是"文学性"，体现着文学对于既定的感性秩序的挑战和重塑，"书写不仅是一种低等的言语形式"，而且它还是"话语的正当秩序的不规则形态"，它自身"被分配于、同时它又将躯体分配于一个有序共同体

---

① ［英］特蕾·伊格尔顿：《二十世纪西方文学理论》，伍晓明译，西安：陕西师范大学出版社1987年版，第7页。

② ［美］乔纳森·卡勒：《当代学术入门：文学理论》，李平译，沈阳：辽宁教育出版社1998年版，第23页。

之中"①。因此,"文学性"本身就支配了一种感性的再分配和分享,就是通过感性领域的配置,对权力进行分割。因此,朗西埃的文学是介入的,是政治的。在《文学的政治》一书中,朗西埃对文学下了一个具有朗西埃独特风格的定义,文学本身即"作为识别写作艺术的历史制度的文学,作为词语的意指制度和事物的可见性制度之间特殊纽结的文学",是"对感性的分割进行干预的某种方式"②。由此,可以看出,在朗西埃看来,文学就是对可感性进行重新分割和分配的一种无声的沉默的有效手段,是实现感性再分配的重要方式。

朗西埃对"文学性"的阐释也是从言语的形式入手,将文学的言语形式赋予了一个更奇特的词汇——"词语的放肆"。他认为在文学之中,词语不该按照词语的规则进行言说,词语应该具有一定的自由,这与前人的"文学性"中所说的"陌生化""间离效果"等相类似。但朗西埃所说的"文学性"是比这些更为广泛的,也更为深刻的,他的"文学性"与朗西埃其他所有理论一样,都是与感性的"分配"问题相联系的,而且"文学性"是朗西埃"感性分配"的重要领域和范畴,是与语言、时间、空间的分配密切相关的。

这一点,朗西埃的理论也来源于福柯。福柯也对"什么是文学"进行了探讨,福柯认为,文学是由"寓言"构成的,"由某种必须被说出并且能够被说出的东西构成","说出这种语言的语言是缺席,是谋杀,是双重性,是拟像",所以文学就是"那些对沉默、对秘密、对不可言说者、对心之调节的暗示,最终是对个体性之全部魅力的暗示"③。朗西埃认为,构成文学的寓言就是语言和思想,而且是沉默的言语,"寓言是言语与思想的共同产物。寓言是思想的最初阶段,这样它就可以在肢体语言和嘈杂的

---

① [法]雅克·朗西埃:《词语的肉身:书写的政治》,朱康等译,西安:西北大学出版社 2015 年版,第 153 页。

② [法]雅克·朗西埃:《文学的政治》,张新木译,南京:南京大学出版社 2014 年版,第 8—11 页。

③ Michel Foucault, *La grande étrangère: à propos de literature*, Paris: éditions EHESS, 2013, pp. 75-104.

声音中，在仍然保持沉默的言语中被表达"①。而且在文学创作之中，"这些科学为沉默的事物提供了关于世界之真实的雄辩证词，它们也让大声说出的言语求助于沉默的真相——由说话者的态度或是写作者的纸张所表达的真相"②。也就是，文学在创作的过程中，文字只是一种符号，它隐藏了一些内容，朗西埃认为隐藏的正是具有政治性的内容，诚如亚里士多德通过语言判定人的政治能力一样，人通过无声的言语打破文字的合法性，使得下层人民的言语得以在可见的领域内被表达出来，从而印证了亚里士多德所说的"人就是政治的动物"。

三、文学的政治性

在《文学的政治》《词语的肉身》《沉默的言语》等著作中，朗西埃通过对雨果、福楼拜等文学家的作品的分析，表达了他的"文学的政治性"的内涵，文学正是通过对那些无名之辈的无声的书写，预示着历史式的书写体系正在遭遇崩塌，因为词语与世界之中物的——对应正在消亡，世界万物都变成了一个个在发出声音的符号，象征使得万事万物说话，象征把意义赋予每一样事物，朗西埃还认为文学是一种新的书写体制，在其中作者可以是任何人，读者也可以是任何人。进而，朗西埃将文学的政治性界定为"就是作为文学的文学介入这种空间与时间、可见与不可见、言说与噪声的分割"③。

在对大量文学作品的分析之中，朗西埃认为最为典型的就是对经典的"福楼拜问题"及福楼拜的《包法利夫人》的分析。在这样的作品之中，不同主题、不同事物在小说之中获得了感性的重新分配，获得了感性分享

---

① ［法］雅克·朗西埃：《沉默的言语》，臧小佳译，上海：华东师范大学出版社2016年版，第30页。
② ［法］雅克·朗西埃：《沉默的言语》，臧小佳译，上海：华东师范大学出版社2016年版，第47页。
③ ［法］雅克·朗西埃：《文学的政治》，张新木译，南京：南京大学出版社2014年版，第5页。

的机会，这种平等化的趋势，正是朗西埃一直在建构的艺术的美学体制，是对再现体制的冲破和挑战，是审美平等的实现。福楼拜作为一个现实主义文学家，一直秉承"好的上帝在细节之中"的准则，即福楼拜小说中无意义的细节。他不关注宏大的历史叙事，而是专注于日常生活的"小事件"。按很多人的理解，福楼拜的文学是没有政治倾向的，但朗西埃却致力于以福楼拜及其文学作品证明文学的政治性倾向。而他界定的这种文学的政治，根源于感性的分配，这种无意义的细节挑战了伦理和再现的旧诗学体制。朗西埃将福楼拜的《包法利夫人》中的艾玛作为其阐释文学的政治性和审美平等的关键人物。艾玛是福楼拜笔下的一个理想主义者，她因为不甘忍受自己丈夫的平庸和生活的平淡而红杏出墙，但她最终遇人不淑，几个情夫都将她抛弃，加上她为自己奢侈生活借的债务，使得艾玛最终以自杀的悲剧结束了自己的一生。艾玛的悲剧在于，她对不合乎自己身份的事情的迷恋和向往，如波德莱尔所说"为了穿鞋，她卖掉她的灵魂"。

　　朗西埃正是从福楼拜笔下的艾玛身上，看到了一种政治性。首先，艾玛越界了，超越了自己的阶级的界限，一个本是农家女的她却从小说中过起了高贵、奢侈的上层人的生活，她开始购买不属于她的阶层的奢华用品，她错把文学生活当成了现实生活。在朗西埃看来，艾玛是"混淆了两种艺术"或"混淆了两种生活"，"这意味着他们仍然被困于陈旧的诗学之中，这种旧诗学的特点在于行动的联合，其角色有着伟大的目标，这种诗学所带来的感觉与人物的品质息息相关，其高贵的激情与日常经验相对"，而新诗学却是一种"平等主义的诗学"。在朗西埃看来，旧的诗学和古典诗学的逻辑就是一种有等级的诗学意识，即人天生就分为三六九等，平民就不配拥有贵族一样漂亮的外表和奢华的生活，艾玛就是超越了这样的等级观念而在传统旧的诗学等级秩序的逻辑观念之中越了界。所以，艾玛只有死才能说明她的行为是不符合旧诗学体制中高低贵贱的等级观念的。但与旧诗学相对应的就是朗西埃所倡导的新诗学，是冲破等级秩序的限制，对平凡生活的描写和关注。"在艾玛的文化和使她愉悦的狂热欲望中，它们形成了象征；而它们只有在这种书写的平等中才能实现，书写的平等给

第四章 审美的民主化：感性分享领域

予了一切人和事同样的重要性以及同样的语言。"①

这就涉及了福楼拜的"文笔理论"，文笔作为一种文学表达形式，并不直接涉及当下的政治问题，通常意义上来说，文笔作为一种文学自律化的手段，类似于康德的直观，无目的的、无功利的审美直观，应该是非政治的，但朗西埃认为，这样的文学却变成了一种精英们的语言游戏。所以，朗西埃认为福楼拜小说的特色在于其对细微琐碎的生活的描写，诚如福楼拜认为的，小说的核心就在于"文笔"，文笔就是使得任何题材和任何东西都可以成为作品，有了文笔才有了艺术品，所以真正的艺术品不该是精英话语所表达的高贵的等级差别，而应该是任何人、任何事。福楼拜认为"不存在高尚或低下的主体"②，文笔的真正意义在于对平凡事物的关注，能够将非艺术的题材当成艺术。朗西埃正是关注到了福楼拜这样的思想，"社会问题从未让他产生兴趣，道德规训则更不会引起他的兴趣。他唯一关注的就是文学文本，即纯粹的文学"③。

正因此，朗西埃创造性地吸收了福楼拜文笔理论的核心，认为福楼拜笔下的艾玛正是体现了平等、消弭了等级的文学形象。在朗西埃看来，艾玛的死是一种文学上的死亡，被看成了新文学形式对旧文学形式的胜利，也符合了朗西埃所说的"文学性"，那些无主的文字不知道该流向谁，可以流向贵族，也可以流向平民，正是在文学的无声的言语的书写之下，小人物、小事件拥有了敢于追求平等的力量，因为感性是可分配的，也是该重新进行分配的。"为了指出文学或诗歌的差异——即把文学特性与诗歌的新内涵等同起来——只需要从平凡的事件和散文语言中分离出它的主体和语言。"④ 因

---

① [法] 雅克·朗西埃：《沉默的言语》，臧小佳译，上海：华东师范大学出版社 2016 年版，第 130 页。
② [法] 雅克·朗西埃：《词语的肉身：书写的政治》，朱康等译，西安：西北大学出版社 2015 年版，第 216 页。
③ [法] 雅克·朗西埃：《文学的政治》，张新木译，南京：南京大学出版社 2014 年版，第 69 页。
④ [法] 雅克·朗西埃：《沉默的言语》，臧小佳译，上海：华东师范大学出版社 2016 年版，第 137 页。

此，朗西埃说:"小说的平等并不是各民主主体的整体式平等,而是众多微观事件的分子式平等,是个性的平等,这些个性不再是个体,而是不同的强度差异,其纯粹的节奏将医治任何的社会狂热。"① 所以,朗西埃认为,文学不是要提醒人们认识自己的处境,更要是激起人们的激情,意识到自己的位置和与之的感觉或者说感受是否平等、平衡。有对这样不平等的认识和激情,才使得艾玛等原本不可见的小人物进入了小说,成为了主角。

但最终福楼拜却"杀死"了她,是因为福楼拜认为她不符合精英话语诗学的等级秩序,这种等级秩序也正是朗西埃所批判的。而且,朗西埃认为很多人将艾玛的死与堂吉诃德相比较是肤浅的,因为堂吉诃德的"疯愚不在于把现实的绿奶酪误认为书里的月亮,而在于模仿那个书使之成了责任的行为:像苦修者一样物质地、荒诞地献身给书的真理"②,堂吉诃德并没有限于两种感性制度的冲突之中。而艾玛却相反,她生于"艺术伦理和再现体制",却执念于"艺术的美学体制"之中。"这恰是在《包法利夫人》的结尾,夏尔与罗谐尔弗相遇的场景所体现的两种诗学的对立:善于处理的情人相对于糊里糊涂的丈夫所处的优势,转而成为旧诗学在新诗学面前的失利。"③ 所以,朗西埃认为尽管福楼拜笔下艾玛进入了小说的书写体制中,刚刚获得一点平等地位,但却又陷入旧体制之中。艾玛依然死于传统的旧诗学模式之中,死于传统诗学的话语及等级秩序之中。

尽管如此,但朗西埃阐释出了文学的平等的政治维度。正是艾玛等这样的小人物介入了文学,使得文学介入了政治,他们的介入意味着一种积极的反抗,也意味着对既有秩序的感性分配的质疑,也就是对什么可见、

---

① [法] 雅克·朗西埃:《文学的政治》,张新木译,南京:南京大学出版社2014年版,第34—35页。

② [法] 雅克·朗西埃:《词语的肉身:书写的政治》,朱康等译,西安:西北大学出版社2015年版,第131页。

③ [法] 雅克·朗西埃:《沉默的言语》,臧小佳译,上海:华东师范大学出版社2016年版,第120页。

什么可说的原有秩序的打破，也是对柏拉图经典的"一人只干一件事"的政治话语的挑战。这样书写就可以产生对等级秩序的打破，"书写是言语体制的陈述，它根据人类的'逻辑'能力使存在的等级变得不规则。书写修正了逻各斯共同体化身的排列准则。书写将根本矛盾引入柏拉图所思考的共同体的协调中，例如'做''存在'和'说'各形态间的和谐问题。"①"福楼拜构想了认知（percepts）、情感（affects）和速度（vitesses）构成的连贯计划。他掏空了传统的叙述，将一个爱情故事转化为解放的认知和情感之间的区隔"②。朗西埃不但认为文学性就该囊括任何人，甚至更为激进地认为文学更应该是那些我们传统观念中不阅读的人的对象，他的这种观念与其政治秩序之中他对"无分之分"者的提出是一致的，文学就该让那些不该在原有体系之中阅读的人能够有机会或者说可以阅读文学作品，成为文学作品的主人公。不得不说，这一点也是服务于朗西埃的审美平等的政治计划的。

第二节　诗歌的僭越

诗歌作为语言的另一种感性形式，在现代和后现代的浪潮中，也作为一种批判的工具，进入到了现代公共空间之内。尤其随着法国现代诗人马拉美诗歌的普及，使得现代诗歌或当代诗歌具有了独特的品格，这也就成为朗西埃冲破传统秩序体制的重要的感性力量。"后现代艺术攻势，实则延续了欧洲现代派策略，即从两个方向撤离语言：其一是马拉美的自嘲与消解，其二是韩波的超现实夸张。前者简约，造成语言表征渐无意义。后

---

① ［法］雅克·朗西埃：《沉默的言语》，臧小佳译，上海：华东师范大学出版社2016年版，第88页。
② ［法］雅克·朗西埃：《词语的肉身：书写的政治》，朱康等译，西安：西北大学出版社2015年版，第223页。

者膨胀，导致语言指涉蔓生。"①

一、古典诗学模式

亚里士多德的《诗学》可以看作古典诗学的典型代表和始发者。亚里士多德的诗学方法是建立在他的庞大逻辑学体系之内的，他的逻辑学、三段论和归纳演绎解释原则对西方哲学和科学影响深远。在他的演绎法和归纳法基础上，亚里士多德创建了诗学的解释学方法。他通过对古希腊文学的考察，对悲剧、喜剧、史诗等予以归纳，确定了以"模仿"为主要原则的古典主义美学和诗学，并成为影响整个西方美学的诗学模式。

"模仿说"以及"艺术是对自然的模仿"是自柏拉图开始的古希腊美学的重要观念，也成为影响西方古典美学和艺术的一个重要的美学范畴和文艺理论概念。柏拉图倡导要用"好的模仿去对立拙劣的模仿"，在《理想国》的卷十柏拉图提出了模仿的原则，认为荷马是拙劣的模仿者，真正的模仿是在个体或城邦有生命的身体和灵魂中，对各种他所赞赏的德行和"美的和善的"美德的模仿。这也是柏拉图沿的苏格拉底的美学的目的，"美在效用""美在德性""美在合适"。但亚里士多德却提出了与柏拉图不同的观点，他在研究诗歌的创作技巧时明确提出了"模仿"（imitation）的概念。亚里士多德不只认为对灵魂、美德、城邦之善的模仿才是真正的诗，而是将它们分离，在人类行为和城邦的事物中，规定模仿的范围，艺术或者说诗学是对行动和行为的模仿。朗西埃认为，亚里士多德的模仿具有如下的新意："首先，模仿行为的积极效果就像知识的特殊形态；其次，虚构的现实原则限定了其特有的空间—时间以及言语的特殊体制；第三，根据主题的崇高去分配模仿形态；适于或不适于悲剧或史诗的模仿的寓言和评判标准。"②

---

① 赵一凡：《从胡塞尔到德里达——西方文论讲稿》，上海：上海三联书店2007年版，第40页。

② [法] 雅克·朗西埃：《沉默的言语》，臧小佳译，上海：华东师范大学出版社2016年版，第92页。

第四章 审美的民主化：感性分享领域

这里可以看出，亚里士多德的"模仿说"不同于柏拉图的"模仿说"，首先，二者模仿的对象和实体是不同的。柏拉图的模仿对象是理念的、善的美德，城邦的正义，亚里士多德的模仿对象是现实事物及人的行动和行为；其次，模仿的规则和原则也是不一样的。亚里士多德将模仿定义为人的天性，我们在模仿中求知，在模仿中得到快乐。按照亚里士多德的诗学原则，古典诗学的模仿规则包括三个方面，即"invention"（"对于主题的选择"）、"disposition"（安排各个部分）、"elocution"（给话语带来必要的修饰），在亚里士多德的古典诗学范式内，诗歌的主题必须对应一定的体裁，不同人物应用不同的语言来描述，修辞必须得体，诗歌的标准就是故事性。柏拉图却将模仿界定为得不到真理，获得的只是影响的活动。

在古典诗学的逻辑模式中，亚里士多德尤其推崇悲剧的诗学原则，他给悲剧下的定义是"悲剧是对一个严肃、完整、有一定长度的行动的模仿，它的媒介是经过'装饰'的语言，以不同的形式分别被用于剧的不同部分，它的摹仿方式是借助人物的行动，而不是叙述，通过引发怜悯和恐惧使这些情感得到疏泄。"① 并且，亚里士多德确立了悲剧的六个要素：情节、性格、言语、思想、戏景和唱段，并认为情节是悲剧的根本和灵魂。正是在这种原则支配下，亚里士多德进一步规定了悲剧和喜剧的模仿规则"喜剧倾向于表现比今天的人差的人，悲剧则倾向于表现比今天的人好的人"②，因为戏剧艺术模仿的就是人的行动，但亚里士多德这里所说的"好的人"就意味着是具有高尚的、崇高的德行之人，依然没有逃离伦理的秩序之中。

由此我们不难看出，以亚里士多德为代表的古典诗学体系的主要原则依然是模仿，而且模仿的对象虽不再是理念，但仍是具有崇高精神的人的行为和行动，其实这也是人的意义上的"善"和"正义"，也是无形之中

---

① ［古希腊］亚里士多德：《诗学》，陈中梅译注，北京：商务印书馆2002年版，第63页。

② ［古希腊］亚里士多德：《诗学》，陈中梅译注，北京：商务印书馆2002年版，第38页。

预设了一种等级的存在。这样的"模仿说"依然没有走出朗西埃所说的再现的美学体制及其所困于其中的等级秩序。"模仿说"依然在再现的体制内俯视艺术和美学。古典诗学原则依然要求有一个中心的主题，其所要传达的理念必须是高贵的、高尚的，而且亚里士多德还将每一种艺术形式赋予了相应的体裁，伟大的人物适合悲剧和史诗，卑微的小人物则要运用讽刺或喜剧，古典诗歌的最终原则就是要保持总体的得体与和谐，倡导结构的完满与协调。

二、马拉美的闯入

与这样古典诗学相关的诗学时代，被朗西埃称为"美文"时代，"美文"时代对应着的秩序、得体、比例、和谐、统一、完整、优美等古典美学的范畴，这些都是在朗西埃所着重阐述的"文学性"和艺术的美学体制之中被打破的。在阐述打破古典诗学体制的过程中，朗西埃着重笔墨于法国现代主义先锋派诗人马拉美，并且从诗学政治学的角度做出了全新的阐释。

朗西埃专门写了一本小册子《马拉美：塞壬的政治》一书并在其中首先提出了马拉美对于诗歌的重新定义和理解。马拉美对诗歌下了这样的定义："诗歌是回归根本节奏的人类语言对存在诸显像（aspects）的神秘意义的表达。"[①]如果再进一步说，马拉美对诗歌"说"了什么并不感兴趣，他重视的是对诗歌超越自然精神的"显像"。这也就是朗西埃所说的以马拉美为代表的象征主义诗歌就是一种"神秘诗学"。那么到底什么是诗歌所表达的神秘？朗西埃认为马拉美的诗歌就在于其具有一种超越的精神，是一种"超越自然"的精神。马拉美还对自然下了一个定义，"存在的东西才存在"，朗西埃认为马拉美比21世纪的其他世纪哲学家先一步认识到了"存在和人世生活"这两个范畴。朗西埃将马拉美对诗歌的定义进一步

[①] ［法］雅克·朗西埃：《马拉美：塞壬的政治》，曹丹红译，开封：河南大学出版社2017年版，第29页。

第四章 审美的民主化：感性分享领域

延伸为"它赋予了我们的人世生活以真实性，并构成了唯一的精神任务"①。因此，朗西埃认为现代诗歌的任务就是把我们人的世界或者人的生活的精神以显像的方式显示出来，这就是诗歌所显示的"神秘"。但是朗西埃又继续说，虽然现代诗歌表达的也是人世生活的"神秘"，但决不是柏拉图式的理念式的精神，不是柏拉图追求的"善的理念"的原型的模仿，古典美学的"模仿说"都具有一定原型的，但现代诗歌艺术已经不再有模仿的原型了，艺术也并不是如柏拉图所说的是对"理念世界的模仿"，是"影子的影子，与真理隔了两层"。朗西埃认为马拉美的诗歌"诗人再也没有'至高无上的模子'，再也没有模型——神圣的或人间的——可以模仿，从今以后他只有'唯一的诗句辩证法'可以依靠，依据某个根本的节奏来聚拢'所有分散的、被忽略的、漂浮的矿床'"②。诗人已经将传统的宏大叙事消解为日常生活的点点滴滴，"事件"的出场代替了"理念"的逻辑。

马拉美因其对纯粹语言的不懈追求以及对诗歌形式的不断革命，使得他成为了现代主义和先锋派的伟大诗人，马拉美对法国诗歌和文学发展做出了不可磨灭的贡献。朗西埃认为马拉美的诗歌是一场无声的独白，是反逻各斯中心主义色彩的诗学创作，是自由的，是充分地留下了空白和想象的。而他所留下的空白之处就使得不可见之物得以进入朗西埃所言的艺术的美学体制之内。萨特、德里达、巴迪欧等法国著名作家或哲学家均写过评论马拉美的文章。朗西埃之所以能将马拉美的诗歌，纳入他的感性革命的体制之内，就是因为，马拉美的诗歌与传统的书写逻辑和传统古典诗学模式不同。

正因为现代诗歌取消了"原型"，所以朗西埃认为马拉美的诗歌形象的宗旨就是"隐喻"，马拉美的诗歌就是一个隐喻的宝库。诗歌不再对本

---

① ［法］雅克·朗西埃：《马拉美：塞壬的政治》，曹丹红译，开封：河南大学出版社2017年版，第32页。
② ［法］雅克·朗西埃：《马拉美：塞壬的政治》，曹丹红译，开封：河南大学出版社2017年版，第34页。

质的、根本的、完满如一的"原型"进行模仿，诗歌"显像"的是多种异质的元素聚拢成一个形象，"或者在某种感性现实中切割出一种前所未见的形象"①。朗西埃认为，理念世界已经不再，现代诗歌的精神是某种表层的、稍纵即逝的、断裂的、异质的，因此，现代诗歌成为一种"隐喻"的集合，充满了隐喻和象征。

朗西埃对于马拉美诗歌的阐释和理解角度，可以说是受到了德里达的影响。在对马拉美诗歌的阐释过程中，德里达运用了他经典的"镜子说"理论。德里达评价马拉美的作品时用了"镜子说"的概念，旨在说明"再现"在镜子与镜子之间无限地延宕，以至于最终失去了"再现"的模板的本来模样，找不到最初的意义了，在这种封闭的文本之中，与外在事物无关的文本就是"非指涉的"，只停留在纯粹的语言层面。"哑剧"是一场无声的独白，在他的姿势之前没有任何的书写，这就意味着对诗歌及文学作品的主题、意义、概念等一切传统形而上学范畴相关的概念，都是无意义的，是反逻各斯中心主义的，德里达由此以解构的视角将马拉美解读为一个反逻各斯中心主义的诗人。

朗西埃也从这个角度切入，探讨马拉美的诗歌。朗西埃认为，马拉美的诗歌中隐喻与象征的关系与德里达的镜子说很相似。在《马拉美：塞壬的政治》中朗西埃认为，塞壬就是马拉美诗歌"新式美的标志，是人工技巧的强大力量，是'有机美'的对立面"②。所谓"有机美"就是柏拉图在《斐德若篇》中表达的思想，并被亚里士多德、贺拉斯、布瓦落等流传并成为了艺术表现的核心。但塞壬正是这种"有机美"的对立面，是隐喻的结合，是游戏的变体。在朗西埃看来，马拉美的诗歌具有游戏的性质，这种游戏与真实世界和意义的本源无关，而且其运用的手法就是暗示和影射，"象征主义的'象征''通感''虚构'必须从这种意义上去理解，一

---

① [法]雅克·朗西埃：《马拉美：塞壬的政治》，曹丹红译，开封：河南大学出版社2017年版，第36页。

② [法]雅克·朗西埃：《马拉美：塞壬的政治》，曹丹红译，开封：河南大学出版社2017年版，第38页。

第四章 审美的民主化：感性分享领域

切都是'暗示'与'影射'"①。如何理解马拉美所说的"影射"（allusion）和"暗示"（suggestion）？朗西埃认为，"影射"的词源意思就是"赌博"，赌博实际就是演技的娴熟和对骰子下的赌注；而"暗示"是赌博的动作，指向某个可能失约的观众。朗西埃又进一步将这种影射和暗示指定为游戏的手段，就是面对观众进行的一种游戏。朗西埃阐释到，自亚里士多德以来的虚构是"对行动中的人的模仿"，凸现了人物性格的"行动组合"，但现代诗歌新的虚构不再是塑造性格的行动组合，"它将是一系列运动的轨迹，事件与形象的潜在性，它定义了某种痛感的游戏"②。因此，这种游戏的过程就是使得诗歌与读者和听众进行感性分享的过程，用朗西埃的话来说就是使得任何人都可以利用它、获得它，这样诗歌就不再只是属于特定的人、特定的阶级。这种感性分享的过程就是对传统手法的打破，是与传统产生断裂的过程。

所以，马拉美的诗歌从来不注重所谓的主题、题材、思想和背后深刻的意义，因为任何宏大的叙事对马拉美诗歌本身的作用都是一种破坏。现代诗歌"不再仅仅是自然的产物或装饰性的花卉，而是'理念'的新形象；不再是神圣的形式，而是类型；感性的花成为自身的寓言和感性理念的象征"③。而且朗西埃认为马拉美诗歌里"象征不是形象，正如理念不是客体的形式，正如隐喻不是交流情感的手段"④。现代诗歌的隐喻和象征并不表达理念，他们是产生理念的行动，是对可感性的重新分配。诗歌本身就具有一种逃离现实世界的能力，不被现实的既定秩序所左右，从而展示其自身想表达和关注的东西。所以，朗西埃说："新诗，只有接触到精神

---

① ［法］雅克·朗西埃：《马拉美：塞壬的政治》，曹丹红译，开封：河南大学出版社2017年版，第188页。

② ［法］雅克·朗西埃：《马拉美：塞壬的政治》，曹丹红译，开封：河南大学出版社2017年版，第62页。

③ ［法］雅克·朗西埃：《马拉美：塞壬的政治》，曹丹红译，开封：河南大学出版社2017年版，第44页。

④ ［法］雅克·朗西埃：《马拉美：塞壬的政治》，曹丹红译，开封：河南大学出版社2017年版，第47页。

无止境而永恒的变形，才能摆脱散文和再现的平庸。"①

三、僭越的品格

在朗西埃看来，作为诗人的马拉美的创作是对共同体既定感性秩序的再次分配。古典时期，诗歌曾经只是贵族们茶余饭后的休闲活动，而在马拉美这里，工人、平民，或者一切人都可以闯入诗歌，甚至成为诗歌的创作主体。马拉美对这些破坏既定感性秩序的书写，打破了感性秩序的平衡，"将闯入者纳入诗歌视野的做法，与那种将无名者纳入共同体象征秩序的做法完全吻合"，诗学问题"在这里等同于政治的基本问题'证实人们确实处在他们所应当在的地方'，证实做事方式、生存方式和说话方式的分割，证实构建共同体的感性的分割"②。

新诗学就是对可感知材料和感受的一种新的分配。因此，朗西埃说，"诗歌是加冕礼，它用孤立出现的圣洁危机进行尝试，其间另一种萌芽正在发生"③，什么是朗西埃所说的萌芽？就是朗西埃认为马拉美的诗歌具有一种政治的功效，诗本身就是一种政治。④ 而且马拉美的时代，也是工业发展、工人阶级队伍壮大，基督教失势、大众文化兴起的时代，马拉美对时代的敏感充分地体现在其作品之中，在他的很多诗歌中，马拉美思考了工人阶级的感性表达和命运。所以朗西埃说："诗人的非理智行为遇到了写作的政治问题，即言语分割的问题，这是某类共同体的建构模式。这是

---

① ［法］雅克·朗西埃：《沉默的言语》，臧小佳译，上海：华东师范大学出版社2016年版，第157页。

② ［法］雅克·朗西埃：《文学的政治》，张新木译，南京：南京大学出版社2014年版，第126页。

③ ［法］雅克·朗西埃：《马拉美：塞壬的政治》，曹丹红译，开封：河南大学出版社2017年版，第165页。

④ ［法］雅克·朗西埃：《词语的肉身：书写的政治》，朱康等译，西安：西北大学出版社2015年版，第35页。

第四章　审美的民主化：感性分享领域

马拉美时代最受关注的政治问题。"① 或者说，诗歌具有了一种政治性，因而诗成为一种"政治"。

朗西埃认为"诗歌从每个可感形式中发现超越感性的力量，发现通向无限的力量"②。这种政治功效就体现在诗歌具有这种僭越的品格。体现在马拉美诗歌所运用的暗示和影射的比喻和象征的手法，以及象征主义诗歌的关键就在于：比喻和象征首先都不是再现抽象理念或将之串连起来的具体形象。比喻首先是僭越（displacement）；象征从词源上意味着相符或相类似的符号。"僭越"（displacement）是朗西埃经常使用的一个词语，"僭越"在朗西埃看来具有政治功效，是打破传统的象征所带来的固化和秩序，从这种意义上来说，朗西埃认为马拉美的现代诗歌是一种革命，在现代诗歌之中人们感受的是一种纯粹和自由，朗西埃称之为一种"感性政治的原则"，这种感性是"面向全体的美学"。感性是一般的感性，是可以分配和分享的，不再存在等级的，是指向任何人的。这也是朗西埃在《词语的肉身》中曾大量探讨的一个问题，现代诗学话语与政治主体性之间联系的必然性是什么？在何种意义上，诗学话语具有了政治的功能？他借用文学之中的"及物"来解释这一问题，"文字因为不及物性和自我指涉性而流通，使得任何人都可以利用它"③，语言自身就具有一种"不及物性"，或"自己本身具有目的""语言的功能不是根据相似的准则去再现思想观点、境况、物或人，因为它不用通过复制去营造事物的相似性"④，"不及物性是文字传递给我们的东西，而自身目的就是使其适

---

① ［法］雅克·朗西埃：《文学的政治》，张新木译，南京：南京大学出版社2014年版，第117页。

② ［法］雅克·朗西埃：《美感论：艺术审美体制的世纪场景》，赵子龙译，北京：商务印书馆2016年版，第81页。

③ J. Rancière, *Mute Speech: Literature, Critical Theory, and Politics*, Columbia University Press, 2011, p.94.

④ ［法］雅克·朗西埃：《沉默的言语》，臧小佳译，上海：华东师范大学出版社2016年版，第36—37页。

应无论什么人的目的"①。因此，语言自身就是具有独立性、不及物性的，并不会天生地决定谁可以读或不读，这就是具有一个开放的先天平等的内涵。因此，文字为任何人都提供了阅读它的可能，文字不该属于特定的人、特定的阶层。朗西埃的"平等"思想也借此得以彰显。

朗西埃一直致力于的工作就是打破从柏拉图开始所建立的"一人只干一事"的古典主义的基本政治逻辑，打破古典诗学模式和模仿观念。马拉美对于传统的反叛就在于他对再现艺术的挑战，他拒绝承认观念原型的再现艺术，认为诗歌不再模仿原型。朗西埃认为，诗歌的任务就是要打破象征，马拉美笔下的塞壬就是突破传统诗学的新的象征，具有打破再现体制的重要使命，由此创造了一种有别于过去时代的审美意象。"塞壬就是这种新的美的象征，一种美丽的才智的力量，处于其对立面的则是'美丽的男孩'，其原型由柏拉图的《斐德若篇》传给亚里士多德，再由亚里士多德到贺拉斯，贺拉斯到布瓦洛，最后由布瓦洛到所有其他人。"② 在朗西埃看来，"塞壬所喻指的，诗歌所实现的，恰恰就是诗歌预计会遭遇的事件和风险"③。马拉美认为诗歌就是个谜，阅读诗歌就是对"绝对秩序"和"真实世界"的揭露，"诗人的义务并不仅仅在于'理解'神秘，而在于建构这种神秘。他甚至应该将其象征化，因为神秘似乎在抗拒任何象征化，诗人必须敲开躯体那含糊不清的团状物，以便让象征符号的两面变得可以阅读"④。在他的其他著作中，朗西埃也有类似的论述，比如在《美感论》中，他认为惠特曼的《草叶集》也与马拉美具有一样的意图，他认为《草叶集》的书名就符合了一种平等的观念，"所有事物皆为平等，因为最

---

① [法] 雅克·朗西埃：《沉默的言语》，臧小佳译，上海：华东师范大学出版社 2016 年版，第 86 页。

② J. Rancière, *Mallarme*: *The Politics of the Siren*, tans. Steven Corcoran, London: Continuum, 2011, p. 12.

③ [法] 雅克·朗西埃：《马拉美：塞壬的政治》，曹丹红译，开封：河南大学出版社 2017 年版，第 28 页。

④ [法] 雅克·朗西埃：《文学的政治》，张新木译，南京：南京大学出版社 2014 年版，第 123 页。

卑微的事物也容纳着一个宇宙——小草的一叶可以比得上星辰的运行，而且这个书名本身的含义，也体现出了一个平等的序列"①。

在反对传统再现体制的过程中，朗西埃通过马拉美的诗学，找到了语言的重要性。由此，朗西埃认为，现代的美学体制与传统的古典诗学美文时代的对立，就是两种连接意义和行动的方式之间的对立，两种构造可说的与可见的之间的关系方式的对立，两种使得语言拥有建构一个共同世界的力量方式之间的对立。"诗歌消除了两层可感世界间的张力，生动的身体，把诗的灵魂简化到一层逻辑，就是把心里的激情变为身体的情感。"②这两种对立，就是典型的传统与现代，可见与不可见，治安与政治之间的对立，就是朗西埃所认为的，精英话语与大众话语，理性与感性之间的对立。

第三节 影像的寓言

自有人类文明以来，图像和语言都是人类描述世界的重要手段和方式。随着科学技术的发展，尤其照相机、摄像机技术的发展，使得图像在人类交流过程中的比重越来越大。美国著名学者、芝加哥大学教授W. J. T. 米歇尔认为，图像也是建构人类主体的基本要素，而且在现代和后现代，成为了更重要的要素，尤其是在信息化时代和移动互联技术快速发展的今天，自媒体空间为图像叙事提供了广阔的空间场域。米歇尔的《图像学：形象、文本、意识形态》（1986）、《图画理论：语言与视觉再现文集》（1994）、《图画想要什么：形象的生命与爱欲》（2005）作为其图

---

① [法] 雅克·朗西埃：《美感论：艺术审美体制的世纪场景》，赵子龙译，北京：商务印书馆2016年版，第87页。
② [法] 雅克·朗西埃：《美感论：艺术审美体制的世纪场景》，赵子龙译，北京：商务印书馆2016年版，第183页。

像学的三部曲,完整地阐释了图像的本质以及文化的图像转向。米歇尔曾说:"视像和控制技术时代,电子再生产时代,它以前所未有的力量开发了视觉类像和幻象的新形式。"米歇尔在《图像转向》一文中宣称后现代开启了一个继"语言学转向"之后的图像转向时代。

一、平面的世界

传统观点及语言学认为,语言具有抽象性,图像具有具象性。因此,图像只须用感性来感受,并不需要理性参与其中。但现代图像学却认为,图像虽然是具象的,但却也是有其深刻的思想,图像作为一种符号,正表现了表面与内涵、平面与深度、能指和所指之间的关系。在关于图像的表面与深度上面,米歇尔在《图画理论》中想要证明"观看与阅读同样深刻",图像也应该与语言具有同等的话语权,认为图像也是有其理论深度的,它不只是指涉自身、分析自身。试图使得"图画理论"至少在理论上可以摆脱语言的控制,图像具有了自主性。

其实,图像转向在现代尤其当代生活中显而易见。现代生活中,当各式各样的图像形式,如电视、电影、广告、网络等各种图像充斥我们视觉的时候,图像符号已经取代了语言符号,成为人与人之间交流沟通的一种方式,当代社会已经进入了"读图时代"。图像甚至已经形成了一种图像和视觉的霸权,我们都被置于一个图像的世界之中,似乎没有图像,就不能完整地表达思想。图像挤压了文字的生存空间,语言日渐式微。尤其信息时代以及移动互联时代的到来,图像的生产、传播、消费更为便捷和迅速,使得如今成为了一个图像爆炸的社会和时代,不管我们愿意与否,都要无条件地被动地接受着图像的侵占。同时,由于图像时代的到来,使得艺术和美变得更简单、更浅层、更廉价了。我们可以通过一张照片,就能欣赏世界各地的山川河流,通过一个视频直播就可以仿佛亲临交响乐的现场,艺术在图像的裹挟之下,更快捷、更廉价,朗西埃从这样的平面世界之中发现了图像表达的平民化的维度。

朗西埃曾探讨过影像是否该称作艺术,他把影像的艺术也称作可视艺

第四章 审美的民主化：感性分享领域

术，他认为可视艺术在刚刚出现时，就与造型艺术之间产生了一种争辩，究竟可视艺术的出现，是不是造型艺术或者说传统艺术的危机？朗西埃否认了这一点，他说："我们所谓的'艺术的危机'，如果不是某些艺术的无能，不是造型艺术的危机，说到底，是不是丰富的艺术即将成为怀疑的艺术，这就是可视艺术幸运又不幸的命运。可视艺术曾在艺术的美学构图中交过好运，在占有一切主题和材料的同时，任何材料都可以被诗歌化了。"① 在《贝拉·塔尔：之后的时间》中，朗西埃根据"感性的分配/分享"的概念，也宣称确定了电影是一种艺术，他说："电影是一种关于可感之物的艺术……不只是关于可见之物。"② 所以，朗西埃将影像艺术视作可视艺术来界定的，并且影像之所以可以被称为艺术，是因为它遵循了两种逻辑，"首先，它们被称为艺术，是按旧有的再现式逻辑，是因为作者自己爱好摄影：他不是迫于生计，而是钟爱摄影所含的表现可能，为此从事这种艺术；其次，它们被称为艺术，是按审美的逻辑，是因为它们不需要对象具有分量，不需要艺术的附加手段来超脱其凡俗。它们只需自身，它们见证了一道目光在恰好的瞬间、恰好的地点，捕捉到面前的事物"③。但是，朗西埃认为，影像艺术因技术和媒介的参与，却使其失去了艺术的韵味，如同本雅明也曾做过如此深入的探讨。本雅明通过机械复制技术对艺术的影响和改写，说明了现代的机械复制技术使得艺术受到了巨大的影响。本雅明在对古典艺术和现代艺术进行区分时，发现了西方发达资本主义工业社会之中，因"复制"技术的运用从而使得艺术失去了本来的"灵韵"。本雅明认为，复制的艺术作品永远也不如原作本身具有本真的特性，"即使在最完美的艺术复制品中也会缺少一种成分：艺术品的即时即地性，即它在问世地点的独一无二性"，"原作的此地此刻

---

① ［法］雅克·朗西埃：《沉默的言语》，臧小佳译，上海：华东师范大学出版社2016年版，第208页。
② ［法］雅克·朗西埃：《贝拉·塔尔：之后的时间》，尉光吉译，开封：河南大学出版社2017年版，第7页。
③ ［法］雅克·朗西埃：《美感论：艺术审美体制的世纪场景》，赵子龙译，北京：商务印书馆2016年版，第217页。

组成了它的原真性"①。本雅明所说的"原真性",对于艺术作品来说就是相对于古典原则的"灵韵""韵味"而言的,就是原作的权威性的丧失。所以,本雅明说,在机械复制的时代已经不再有创作和艺术作品,有的只是商品,甚至他认为现代的文学艺术家都是"行走的商品"(Walking commodity)。在复制的作品或者本雅明称之为商品之中,缺乏的就是艺术的"灵韵"和"氛围"(光环 Aura)。"光环""氛围"就是古典艺术和原创艺术(艺术的"原作",针对于复制的艺术而言)的本质和特色,也就是本雅明所说的"本真性"(authenticity),因"本真性"的丧失,机械复制艺术导致艺术作品"光环"的丧失,实际上就是工业技术引发的19世纪艺术去审美化过程的最终结果。② 本雅明认为,在西方资本主义迅猛发展导致的技术理性霸权的现代文明之中,艺术作品的价值已经不再是与古典一样的"膜拜价值",而变成了"展览的价值",艺术的神圣和光环不再,也如黑格尔所说"艺术的终结",我们不再对艺术顶礼膜拜。

  正因此,本雅明充分认识到,在西方发达资本主义社会之中,艺术的原作其实也被私有化了,人资本家成为了艺术原作的收藏者,而普通大众并没有接近原作的机会,艺术作品仍然是少数人的专有之物,大众不配分享艺术。从这角度来说,本雅明将希望寄托在了机械复制的艺术上,至少经过批量的复制,艺术可以不受这样的限制而走近普罗大众的视野,因此,在现代社会艺术的展示功能大于了膜拜功能。从现代艺术的展示功能之中,其震惊效果大于膜拜效果。在"膜拜"向"震惊"的转换过程中,体现的也是由古典美学向现代美学,精英美学话语体系向平等化美学的转变。在本雅明看来,最能体现这一转换的就是摄影和电影。摄影的照片脱离了原作,而使得它成为新的展示的作品,从而实现了接近大众的目的。电影使得人不再关联于在场,各种片断的搭配,使得电影不需要过多的凝

---

① [德] 瓦尔特·本雅明:《机械复制时代的艺术作品》,王才勇译,杭州:浙江摄影出版社1993年版,第6页。

② [美] 理查德·沃林,《瓦尔特·本雅明:救赎美学》,吴勇立、张亮译,南京:江苏人民出版社2008年版,第192页。

神和膜拜，在一种流动的展示过程中，完成对作品的震惊过程。本雅明认为对电影的欣赏完全是一种产生震惊的过程。本雅明认为震惊美学的特点就充分体现在电影这样的现代技术结合的作品之中，照相机和电影的画面，在一瞬间捕捉到了能够让观众产生震惊的记忆。也正是在这一点来说，本雅明作为一个马克思主义者，他从现代艺术与大众更接近的角度，发现了现代艺术的政治功能，当艺术不再是为资产阶级所占有的东西凝神观照的时候，艺术就具有了为大众所共享的价值，艺术的整个社会功能发生了改变，如本雅明所说："人们可以用一张照相底片复制大量的相片，而要鉴别其中哪张是'真品'则是毫无意义的，然而，当艺术创作的原真标准失灵之时，艺术的整个社会功能就得到了改变。它不再建立在礼仪的根基上，而是建立在另一种实践上，即建立在政治的根基上。"① 这对朗西埃是有所借鉴的。

二、真实与虚幻

朗西埃在本雅明的基础上进行了进一步的阐释。认为影像具有特殊的政治功效。正如朗西埃在《电影的寓言》的开篇就写到："电影是真实的，故事是虚构的。"朗西埃说过电影企图通过情节的表现，恢复人自身荣耀和尊严，但实际上，"这两个词不仅指出了一场骗局所动用的错觉，他们还表达了一种信念，正是这种信念把生命赋予了贝拉·塔尔的整个作品"②，他认为电影既是真实的，也是虚幻的骗局。电影就在于其真实地记录着日常生活的一个个微小的事件和瞬间，电影的真实体现在真实的人作为演员，真实的环境作为场景。而且摄像机是没有思想和先见的，人的眼睛是会选择性地观看，在观看的过程中融入人的先见和意识，而摄像机扫

---

① ［德］瓦尔特·本雅明：《机械复制时代的艺术作品》，王才勇译，杭州：浙江摄影出版社1993年版，第12页。

② ［法］雅克·朗西埃：《贝拉·塔尔：之后的时间》，尉光吉译，开封：河南大学出版社2017年版，第63页。

进镜头的范围内是会记录下所有的事物，不存在主观的意图，而是纯粹的真实的记录。如对小学、诗歌的分析一样，朗西埃认为影像也具有超越主题、体裁等的限制效果，无论生活中多么琐碎的小事儿，都可以成为影像所表现的主题。尤其当下自媒体的时代，每一个使用手机上网的人都是一部自媒体、一个小型的摄像机和照相机，个人生活领域的私事、小事在互联网的发布成为了进入公共空间领域内的影像，并且具有了一种公共性，成为可资探讨的对象。

但是，众所周知，摄像之眼虽然是客观的、没有先见的，但毕竟摄像机是由人来操作的，也就是指挥摄像机之眼的导演毕竟还是人。影像与现实世界之间，究竟什么是真实？什么是虚构？是否也如柏拉图对艺术的理解一样，作为现代艺术的影像也是对真实世界的模仿，也是虚构不真实的？影像的虚构与真实的现实世界之间的对立，在朗西埃看来是可疑的。因为尽管电影看似是以"再现—情节"为核心，实际上电影中却表现了艺术美学体制的矛盾和张力，那就是再现和表现的冲突，真实和虚幻的区别，朗西埃认为继文学这一文艺形式之后，电影因其跨界性和流变性特点，突出地展现了艺术美学体制的张力。朗西埃对影像做了这样的规定："图像从来就不是一个简单的现实。电影的图像首先是一些操作，是可说物与可见物之间的一些关系。"① "电影的生命力与联结诗学矛盾的责任息息相关。安德烈·巴赞让'不纯性'（impurity）成为电影的一个积极属性，但是，艺术的纯与不纯的属性本来就是由艺术的美学体制所联结的。"② 因此，影像成为可感性经验分配的又一艺术形式或者说表现形式，影像之中所纳入的可见的、可说的、可感的也实现了影像的平等。

但摄像机某种程度上必然包含着导演的意志，这一点，也正是朗西埃

---

① ［法］雅克·朗西埃：《图像的命运》，张新木、陆洵译，南京：南京大学出版社 2014 年版，第 9 页。
② ［法］雅克·朗西埃：《电影影像与民主》，见米歇尔·福柯等：《宽忍的灰色黎明——法国哲学家论电影》，李洋等译，开封：河南大学出版社 2014 年版，第 140—141 页。

使用"寓言"的用意所在。朗西埃的"寓言"理论是借鉴和发展了本雅明关于"寓言"的理论。本雅明以"寓言"作为现代艺术的本质性标志,他梳理了西方"寓言"概念的另一种意义,那就是与古典艺术的"象征"相对的一种审美意象。本雅明阐述了"象征"所具有的总体性的、明晰的、简洁的古典艺术的特点,"对象征的要求是清晰、简洁、优雅和美"①,是追求和谐、有序、明晰、总体的理性的思维范式。而"寓言"是由系列瞬间和意象组成的,是"非概念的,深刻的和尖刻的"②,他将"寓言"看成是不同于传统的理性意义上的感性的思维方式,或者说审美关照的方式,是一种审美直观形式,是一种多元的、断裂式的、不确定的现代艺术的特征和思维,这些对朗西埃都有所影响。朗西埃认为图像之所以要以"寓言"的形式表达自己,在于"图像的哑语性",也类似于他所说文字的哑言性,也就是"图像事实上是一个无声话语的载体,它可以用无声话语来翻译句子。图像就在它沉默时,就在它不再向我们传递信息时,才开始对我们说话。符号学家和图像理论家都将图像设想成沉默的语言"③,也即朗西埃所使用的"哑言"的内涵,"哑言"虽是无声的、沉默的、但却是对可感物的再现方式。图像与文字相比,又是一种在演说的"哑言"。如他所说,"形成于19世纪的艺术美学体制中,图像不再是一种思想或一种情感的编码式表达,它不再是一个副本或是一种翻译,而是事物说话和沉默的一种方式,可以说它进驻到事物的中心,成为无声的言语"④。为此,图像常常通过"寓言"的形式来表达自己。

本雅明所说的"寓言"的一个原则就是图像的破碎化,一方面他无休

---

① [德] 瓦尔特·本雅明:《德国悲剧的起源》,陈永国译,北京:文化艺术出版社2001年版,第134页。
② [德] 瓦尔特·本雅明:《德国悲剧的起源》,陈永国译,北京:文化艺术出版社2001年版,第132页。
③ [法] 雅克·朗西埃:《图像的命运》,张新木、陆淘译,南京:南京大学出版社2014年版,第15页。
④ [法] 雅克·朗西埃:《图像的命运》,张新木、陆淘译,南京:南京大学出版社2014年版,第19页。

止地堆积碎片而没有严格的目标限制，使得寓言具有含混性和多义性，具有反理性逻辑的特点。也是在这个意义上，朗西埃运用和拓展了本雅明的"寓言"概念，尤其用"寓言"的含混性指涉电影的虚构部分，"一种可感觉到的非物质的素材由波浪和微粒组成，它们消除了具有欺骗性的外表和物质的现实之间的对立"①。这就是电影的独特性所在，电影既具有真实性又具有虚构性的双重特性，因此，朗西埃还说，"电影的寓言就是被挫败的寓言"②。尽管电影进行着虚构的创作，但最终的目的却是要表现真实。但这也就是苏珊·桑塔格所说的要警惕图像对可感性再现的局限，"摄影使我们觉得这个世界比事实上更好把握"③。

  不难看出，朗西埃认为电影的这种既真实又虚构的双重特性正是源于黑格尔、赫尔德林、谢林等强调的有意识和无意识的统一。这里所说的有意识就是摄像之眼毕竟是由导演来操作的，因加入了导演的人为的因素，无意识就是摄像之眼没有人眼的先见和预设。因此，电影具有了真实与虚构的双重特性，朗西埃曾说："电影因为拥有导演的有意识的眼睛与镜头的无意识的眼睛这双重的力量，所以是对谢林和黑格尔有关艺术在原则上的有意识和无意识统一争论的具体体现"。④ 电影属于同时具有艺术的再现机制和艺术的美学机制的双重特征。

  朗西埃之所以用"寓言"，其实为了说明"真实"，说明"真实"，其实是为了书写他所追求的"平等"。但是，朗西埃还是质疑了影像的真实性，被影像所遮蔽的现实究竟是什么样，影像表现的愿望总是美好的，但也会造成一种对真实的遮蔽，它"屏蔽掉了另外的各种可能性，使观众无

---

  ① J. Ranciere, *Film Fables*, trans. Emiliano Battista, Oxford New York: Berg Publishers, 2006, p. 2.

  ② J. Ranciere, *Film Fables*, trans. Emiliano Battista, Oxford New York: Berg Publishers, 2006, p. 11.

  ③ ［美］苏珊·桑塔格：《论摄影》，艾红华、毛建雄译，长沙：湖南美术出版社1999年版，第35页。

  ④ J. Ranciere, *Film Fables*, trans. Emiliano Battista, Oxford New York: Berg Publishers, 2006, p. 9.

法忠实于自己的上下文"①。

三、表面与深度

朗西埃虽然重视影像，倡导平面，注重多元的、异质元素的表面，但这恰恰表达了他的一种政治的深度。"平面是不同空间之间的滑动地带"②，在朗西埃看来，具有异质因素的可感性在不同的空间之间的展现，使得平面也具有了"深度"，因为在传统的理性占绝对地位的空间中，没有流变的可能性，一切都按照常规的逻辑和秩序存在。而在可感性重新进行分配后的异质空间之中才具有流变的机会，才可以创造出更多的可感性的概念和形式。这就是朗西埃所极力追求的回到这个不稳定的充斥着异质性元素的平面之中，"扰乱平面和深度的正常功用"③。也就是打乱传统的表面和深度的关系问题。

在朗西埃看来，图像是与"他者"对立和相伴随的，有图像就必然有图像的他者，"如果没有图像的他者，那么图像的概念本身就失去了它的内容，也就不再有图像"④。一个他者的图像对立于只参照于自身的"视像"，这就是"相异性"与"同一性"的区别，也就是表面与深度的区别。

在阐述电影理论时，朗西埃借鉴了罗兰·巴特在《明室：摄影纵横谈》中所使用的"刺点"的概念和内涵，并创造性地提出了"辩证性蒙太奇"和"象征性蒙太奇"的概念。在朗西埃看来，蒙太奇就是指异质性元素在同一个体制内出现了。"辩证性蒙太奇"就是指异质性元素在同一个

---

① 陆兴华：《自我解化将生活当成一首诗来写——雅克·朗西埃访谈录》，载《文艺研究》，2013 年第 9 期。
② [法] 雅克·朗西埃等：《可能性的艺术：与雅克·朗西埃对话》，蒋洪生译，载《艺术时代》，2013 年第 5 期。
③ [法] 雅克·朗西埃等：《可能性的艺术：与雅克·朗西埃对话》，蒋洪生译，载《艺术时代》，2013 年第 5 期。
④ [法] 雅克·朗西埃：《图像的命运》，张新木、陆洵译，南京：南京大学出版社 2014 年版，第 4 页。

表面之中，但他们之间的关系是紧张的、对立的、矛盾的。"象征性蒙太奇"与"辩证性蒙太奇"的区别之处就在于，异质性元素之间隐藏着一种"神秘"的统一关系，"象征性蒙太奇"所讲求的是统一。"辩证蒙太奇"意寓着朗西埃"歧义"这一核心概念的内涵。因为，在朗西埃看来，电影作为现代艺术的最新的表现形式，就是要打破线性叙事的手段，创造新的歧感，这就具有"歧义"的"异识"思维模式了。正如，朗西埃在《影像的命运》之中，反复引用的罗兰·巴特《明室：摄影纵横谈》中的"刺点"（punctum）这一核心范畴一样，朗西埃想要说的就是，电影就是要找到这种寓言之意，找到不和谐之处，找到矛盾、歧义、刺点。罗兰·巴特说："这个要素从照片上出来，像一支箭似的把我射穿了。照片上的 punctum 是一种偶然的东西，正是这种偶然的东西刺痛了我（也伤害了我，使我痛苦）。"① 不得不说，罗兰·巴特所说的这个偶然性的东西，这个具有"刺点"性质的要素，与朗西埃的歧义具有同样的功效，其实质就是"打破"。朗西埃认为这个"刺点"就是图像能够直接表达出感性的情感效果，也就是图像艺术所坚守的异质性而非同一的模仿原则，是影像艺术的内在的超越性和本质所在，也就是影像艺术的深度所在，"以刺点的名义去重视摄影那无语句的真切，以便将信息的解读扔到展面的平庸中"②，是以表面去表达深度，以表面去言说内容和意义。甚或也可以说，只是以表面去言说，言说的可以是意义也可以是无意义，就是言说而已。

为此，朗西埃在《美感论》《电影的寓言》《影像的命运》等多部著作之中，分析了多部电影作品的深度，也就是其政治性，也表现了电影对于平等意识的阐释，也说明了电影作为感性分配的民主化的本质。比如，他曾举了几部法国当时著名的电影。如《倾听不列颠》（1941）是一部反抗战争的影片，但是汉弗莱·詹宁斯描绘的画面却是战争准备时期士兵们

---

① [法]罗兰·巴特：《明室：摄影纵横谈》，赵克非译，北京：文化艺术出版社 2002 年版，第 40 页。
② [法]雅克·朗西埃：《图像的命运》，张新木、陆淘译，南京：南京大学出版社 2014 年版，第 15 页。

的休闲时光,着意对比和平时期人民的日常生活与战争时期人民的恐慌,这就是此影片的深度表达;朗西埃还评论《秋天年鉴》(1984)这部电影就是打破了那种为了把生活同官方教条对立起来而把握生活的电影的自然主义风格,他称之为是一种"适合孤立并激化情感的实验策略,是一种独特的形式操练的时机,它把人们不时看见的东西,景深和颜色,征用为自己的完美武器,从而打破了自然主义"①。朗西埃认为这部电影"终结了一种电影的艺术和政治序列,那样的电影试图通过家庭问题来表达一种质疑社会主义秩序的新的敏锐感"②;朗西埃还曾评论了《回首向来萧瑟处》(2006)这部电影,认为影片中导演所选取的从贫民窟到美术馆再到贫民窟的画面的转换,书写了一个故事,主人公范杜拉的工友因建造美术馆而丧命,其弄脏地板上的脚印的细节证明范杜拉站在建造好的美术馆里却被视为异类。范杜拉代表了那些冒着生命危险为资本主义社会生产物质财富的工人,画面的深度还在于表现了资本主义的剥削和底层人民的苦难;在《贝拉·塔尔:之后的时间》一书中,朗西埃在评判贝拉·塔尔的电影作品时,认为贝拉·塔尔的后期电影之中,充满了伴随着苏联体制的崩溃及其幻灭的资本主义的结局,他认为:"那时,对市场的责难一景取代了对国家的责难;在越来越黑暗的影片里,政治被还原为操控,社会的承诺被还原为一场骗局,而集体被还原为一个野蛮的部落。"③所以,电影表达的物体之中"每一个元素既相互依赖又彼此独立,它们各自被赋予了一种把情境内在化的平等权力,也就是,把种种期待结合起来的权力,这是贝拉·塔尔的电影所固有的平等意识"④。朗西埃认为贝拉·塔尔的电影的意

---

① [法]雅克·朗西埃:《图像的命运》,张新木、陆洵译,南京:南京大学出版社2014年版,第25页。
② [法]雅克·朗西埃:《图像的命运》,张新木、陆洵译,南京:南京大学出版社2014年版,第30页。
③ [法]雅克·朗西埃:《贝拉·塔尔:之后的时间》,尉光吉译,开封:河南大学出版社2017年版,第5页。
④ [法]雅克·朗西埃:《贝拉·塔尔:之后的时间》,尉光吉译,开封:河南大学出版社2017年版,第93—94页。

识就是源于一种对平等的关注，关注每一个元素在微观世界中的呈现，电影无法逾越可见物的边界向我们展示了世界本来的样子，摄影机总是会将更多边缘的因素纳入进镜头之中。从这种意义上说，影像究竟只是表面的，还是有深度的？它的深度在哪里？

但是，除了对以平面形式展现的影像的深度的关注之外，朗西埃的特别之处还在于，他不但关心电影要将这些平民表现出来，"商贩、小偷、骗子和假先知会处于所有这些电影的中心"①，更关注影像是如何把底层人民变得可见、表达出来的策略和实践过程，这无疑仍然又回到了他对于可感性经验重构的理论工程之中。朗西埃曾说过："摄影之美从不是一个目的。它只是对一种忠诚的回报，即忠诚于人们想要表达的现实，忠实于人们在表达现实的过程中所采用的手段。"②

本章小结

《美感论》中朗西埃对包括小说、诗歌、电影、雕塑、绘画、舞蹈、戏剧等各种艺术形式进行了分析和研究，之所以选取了文学、诗歌、影像三种形式就是因其所论述的展现审美民主化的方式大同小异，都是给感性提供可分享的美学空间。可感物的感性分配结构，在文学艺术之中以一种僭越的方式冲破旧的审美格局和体制限制实现了新的分配和分享，使得其中的异质性元素能够制造"歧感"，打破感性分配的领域，使得不可见、不可听、不可说者得以显现。让那些"非部分的部分"，那些"下等人"不再需要有知识、有地位的"精英阶层"为其代言。朗西埃认为那些"非

----

① ［法］雅克·朗西埃：《贝拉·塔尔：之后的时间》，尉光吉译，开封：河南大学出版社2017年版，第31页。
② ［法］雅克·朗西埃：《贝拉·塔尔：之后的时间》，尉光吉译，开封：河南大学出版社2017年版，第5页。

第四章 审美的民主化：感性分享领域

部分的部分"（"无分之分"）、"下等人"曾一直被认为无法知道自己想要什么，无法表达自己，只能模仿"上层"的人和"精英阶层"的人，他们就是毫无参与逻各斯实践权力的"奴隶"。朗西埃却强有力地提出了通过文学作品、诗歌艺术、影像艺术等艺术形式来宣称"我们是平等的"，打破了既定的阶层划分，这些"非部分的部分""无分之分"可以自己言说，自我表现，实现审美的民主化。这也是朗西埃所作的解放规划的美学构想。究竟什么是艺术？真正的艺术就是感性的分享和分配所形成的新的艺术体制，以及其所带来的对既定秩序的打破和重构。真正的艺术就是让原先在可感物的分配格局下不能被感觉到的那些存在物以异质性的方式出场。因此，朗西埃认为无论文学、诗歌、电影，以及当代所有的艺术都应该发挥其感性的可重新分配的作用，真正地突破既有的艺术局限，打破既定的审美格局，实现真正的艺术创造，然而，当下的艺术潮流，却没有矢志不渝地坚持这个方向。相反，他们往往会固守既定的审美体制边界，没有重新分配情感，依然没能走进平民生活，没有实现审美的民主化。这种艺术与人民大众的分离，与艺术的美学体制的区隔，使得当代艺术离大众的理解能力和范畴越来越远。

第五章 审美的介入：
从批判到平等的建构

朗西埃认为他自己的哲学是"挪移哲学"，不断地像个玩家游走于各种异质性学科：历史、社会学、教育学、文学、美学、政治学。但是，他说无论游走于哪一个学科，他都是试图在这种挪移中去厘清一个共同的问题，也就是他所认为的各种分析和批判其实都是"同一种战争"。朗西埃的论说可以称为是跨界的、融合的，朗西埃论说中最鲜明的特点就是通过强烈的"介入性"而发现"平等"宣称的"偶然性"，这种偶然性瓦解了既存的秩序，偶然性使得人们感知之外的不平等获得了平等的显现。朗西埃所说的在历史、社会学、教育学、文学、美学、政治学所进行的"同一种战争"，就是在对抗不平等时而进行的对"平等"的不懈追求。而其斗争的武器就是"感性"及其具有的可分配、可分享的能力。在朗西埃的论述和理论诉求之中我们可以看出，平等既是政治的、又是审美的、又是智慧的。朗西埃的平等既是其价值观、又是方法论，更是他审美规划的终极追求。

第一节 审美的批判功能——
审美现代性批判

整个现代性的进程一直伴随着对现代性所造成的人的异化、世界的异化的批判与拯救。从康德、黑格尔、马克思及西方马克思主义者,到尼采、马尔库塞、马克斯·韦伯、阿伦特、德里达、福柯,再到当代西方左翼思想家朗西埃、巴迪欧、阿甘本、齐泽克,等等,都对现代性所造成的人的状况给予了深刻的思考与批判,也都指明了救赎之路。无论是马克思批判"资本的逻辑"时所设计的"天下为公"的共产主义社会,还是阿伦特批判"世界异化"造成的公共领域消失企图重新进行"政治生活的复归",以及马尔库塞"审美之维"的艺术解放希望,都是对抗和反抗异化的思路和路径。而这种审美的规划正是源于启蒙理性的膨胀所造成的现代性的危机。

一、启蒙现代性的危机

启蒙运动使得人们相信凭借科学和理性的力量就能够摆脱中世纪君权神授的神学模式,建构以"人的本质与价值"为基础的现代性的社会秩序,突显人的主体性、自我意识以及平等、自由的现代性原则。然而,作为批判宗教神学最有力的武器,启蒙及科学精神在实践中破坏了自身的价值理性追求,人不可避免地被工具理性所奴役,人以工具理性为标准衡量一切,工具理性的支配领域一再扩张,导致其向生活世界的内在殖民,人成为手段,而不再是目的。

启蒙理性通过主体的觉醒走出了一条从神话到启蒙的道路,摧毁了黑暗的宗教秩序,却一度演变为片面的、绝对的,再一次控制人的工具理性秩序,铸造了经典的启蒙的逻辑——"神话已经是启蒙,启蒙倒退为神话",如同霍克海默和阿多诺在《启蒙辩证法》中指出:"启蒙由于自身的内在逻辑而转到了它的反面。"① "如同神话已经实现了启蒙一样,启蒙也一步步深深地卷入神话"②。这样由启蒙所导致的现代性危机,经由西方资

---

① [德]马克斯·霍克海默、西奥多·阿道尔诺:《启蒙辩证法:哲学片段》,渠敬东、曹卫东译,上海:上海人民出版社2003年版,第10页。
② [德]马克斯·霍克海默、西奥多·阿道尔诺:《启蒙辩证法:哲学片段》,渠敬东、曹卫东译,上海:上海人民出版社2003年版,第9页。

本的全球化扩张而蔓延至全世界。现代性社会中的人被操控得越来越重，人不可避免地成为片面的、压抑的、失真的、无法逃脱的，进而造成了人的内在的精神危机和心灵危机。

不同于马克思针对资本主义工业社会初期，所提出的"劳动异化"，阿伦特在《人的境况》中更进一步地指出"现代的标志是世界异化"①，她以一个桌子消失的隐喻告诉我们，围坐在现代性桌前的人们，总会因桌子突然消失而陷入恐慌、尴尬、无助与无法分隔的境地。阿伦特的"世界异化"不但揭示了人的异化，更进一步、更深刻地阐释了现代社会中，人的整体生存境况的异化，生存环境的异化，以及人内在的精神和心灵的异化。因此，现代性危机的深层化就是人的精神危机、心灵危机，是世界的全面异化。

现代人的被操纵感表现在，人在开发外部世界的同时却把自己束缚其中了。人的生活被技术、理性所同化，人不得不被各种管理的秩序、各种商品及外物所控制，人的自由和精神受到了压抑和剥夺。在物欲极大充足的消费社会中，人随波逐流，不断被动地接受着大量的科技成果转化的花样繁多的商品。却殊不知，人的实际需求是在被这些制造出来的商品操控着。人的需求是被给予的，从而所谓的愿望也是虚假的，这是资本的消费逻辑的必然性使然。在充斥着世俗欲望的现代社会中，人与物的关系日益紧密，人与人的关系开始疏离，人变得喧嚣浮躁、冷漠、功利。现代社会中，人海茫茫却倍感孤独与无助，人与人越来越缺乏真挚的情感，缺乏心灵的交流，尔虞我诈，互相猜测、攻击、欺骗，导致现代人的人格分裂，精神空虚，心灵失衡。焦虑焦躁相伴，遭遇荒诞，普遍绝望，各种人性问题突显。人没有了自己的精神家园，成为异化的人，心灵分裂的人，没有灵魂的人，人已"不能成为其人"。

---

① ［德］汉娜·阿伦特：《人的境况》，王寅丽译，上海：上海世纪出版集团2009年版，第203—204页。

二、审美现代性的冲动

面对着启蒙现代性的危机,从康德开始直到现代哲学家,马克思及西方马克思主义者,都在寻求着解决危机的方案和出路,审美因康德所高扬和赋予的"沟通感性与理性、自由与必然"的品格成为了很多哲学家的共识。

由康德确立的人的理性为自然立法,人的理性及其所创造出的科学、技术开启了人类文明的现代性进程。然而,康德发现,世界、心灵、上帝只能被信仰却不能被认识,这就意味着人的知识是有限的。因此,知识、理性不能解决康德等启蒙思想家所希望的认识世界和解放人类的理想,因此,康德发现了启蒙的理性深藏着不可调和的危机,在调和现代性危机的过程中,康德第一个找到了由感性出发的反思性的判断力即鉴赏判断力的美学价值,以审美的沟通能力及其所具有的合目的性、无功利性、自律性、不确定性,调和了启蒙理性的内在矛盾,从而开启了审美现代性之路。康德认为审美之所以具有这样的沟通功能,就在于它一方面具有合乎自然知识的合自然规律性,又有合乎人的道德规律的无功利的自由性。进而,康德进一步说明审美之所以具有这种功能又在于想象力,想象力是感性和知性之间的自由中介,能够不借助知性及概念就获得愉快或不愉快的情感的审美快感。康德所涉及的审美现代性沟通了自然与人性、现象与本质、必然与自由,从而试图寻求一条途径拯救启蒙理性的现代性危机。

在康德基础上,席勒提出用审美教育对抗现代性危机,他说:"要使感性的人成为理性的人,除了首先使他成为审美的人,没有其他途径。"[①]席勒以"美的艺术是人的性格的高尚化"为武器,举起了审美教育的旗帜来对抗现代性危机,企图阐释审美是使人具有精神文化修养和直抵人的本

---

① [德] 弗里德里希·席勒:《审美教育书简》,冯至、范大灿译,上海:上海人民出版社2003年版,第181页。

性的唯一途径。"游戏说"认为艺术活动是无功利无目的自由的游戏活动，艺术起源于人的游戏本能或冲动。游戏中人是自由的，艺术中人是自由的，艺术的根本属性是"表现的自由"。"人在充分意义上是人的时候，他才游戏；只有当人游戏的时候，他才是完整的人。"① 朗西埃也认为在"自由表象"或"自由游戏"中，"无所顾忌"的"自由游戏"的状态，正是艺术的自主性。人只有通过更好的艺术即审美的教育才能恢复人的本性的完整性。所以，席勒认为审美关系是人与世界发生的第一自由的关系，游戏不仅是审美活动的根本特征，是人摆脱动物状态达到人性的主要标志，审美关系是人不同于动物走上超越实在、经验而产生的具有文化属性的人的标志。审美教育的功能就是在力量的可怕王国和法则的神圣王国之间建立一个游戏的审美王国，从而使社会与人得到解放，使人成为完整的人。某种程度上说，席勒的审美教育理论也是一种人生美学，人克服了现实生活中人性的分裂，实现了人性的完整和心灵的完满。

　　同样的理路，马克思从实践出发，反对人在资本的逻辑掌控下异化为没有价值和尊严的人，提出了对现实的人的自由的肯定，异化劳动得到扬弃后，人的活动就是自由自觉的，也就是审美的，这也是人的解放的学说。马克思所说的人的自由和解放就是人"成为自然界的自觉的和真正的主人""成为自己本身的主人——自由的人"。马克思认为在这样的社会之中，消除了异化也就实现了人的自由解放，由资本的逻辑产生的各种焦虑和虚无都将被消解，每个人的个性都将充分自由发展。因而，真正的解放就是人的心灵的解放。马克思正是从生存论视域来分析焦虑、消解焦虑。这种蕴含着无限丰富内容和自由的生存状态就像荷尔德林说的那样："充满劳绩，但诗意地，栖居在这片大地上。"② 拥有美好的心灵，使得人在资本主义制造的资本逻辑和消费逻辑面前，在现代性对人的控制面前，不盲

---

① ［德］弗里德里希·席勒：《审美教育书简》，冯至、范大灿译，上海：上海人民出版社 2003 年版，第 117 页。

② ［德］马丁·海德格尔：《荷尔德林诗的阐释》，孙周兴译，北京：商务印书馆 2000 年版，第 59 页。

从，不屈从，不被权威剥夺人的主体性或人的精神的内在向度，保有一颗伟大的、自由的、独立的、美好的心灵。

沿着这样的一条审美之路，尼采的超人就是要通过酒神的非理性精神超越日神为代表的理性精神，走出一条"感性至上"的审美现代性道路，以对抗启蒙理性所造成的现代性危机；同样，阿多诺在生平最后一部著作《美学理论》中集中提出了"审美理性"范畴以对启蒙理性进行批判。他认为在当代社会，艺术要继续保持艺术之为艺术的责任，就必须走向反艺术，以揭露和控诉社会现实对民众的欺骗。阿多诺的否定美学仍然是他与霍克海默重建启蒙与现代性的理论规划的一部分；马克斯·韦伯主张艺术的自律以区分以科学和道德为主体的现代性对人造成的分化；马尔库塞将"新感性"作为建构自由社会的尺度，将审美和感官的解放直接等同于社会生产力的解放。

可以说，现代批判哲学家赋予了审美现代性以批判反思和拯救的功能，诚如马泰·卡林内斯库（Matei Calinescu）在《现代性的五副面孔——现代主义、先锋派、颓废、媚俗艺术、后现代主义》中明确地认为，对抗启蒙现代性的是审美现代性精神，并认为审美现代性具有深刻的反思和鲜明的批判维度，"美学现代性应被理解成一个包含三重辩证对立的危机概念——对立于传统；对立于资产阶级文明（及其理性、功利、进步理想）的现代性；对立于它自身，因为它把自己设想为一种新的传统或权威。"① 以审美来弥补现代性进程的危机，审美现代性无疑依然是现代性的内部逻辑，是现代性冲动在美学和艺术领域的彰显。

三、批判艺术的迷途

同样，朗西埃也拿起了美学的武器，但他对审美现代性批判中所运用

---

① ［美］马泰·卡林内斯库：《现代性的五副面孔——现代主义、先锋派、颓废、媚俗艺术、后现代主义》，顾爱彬等译，北京：商务印书馆2002年版，第16页。

的批判艺术有所质疑。他认为只有从"感性的分配/分享"入手,重组可感性的分配秩序,才有可能推动人类"改变世界",引领自由解放的实践,他认为此前批判理论家们所采取的审美现代性批判路径以及当代一些批判艺术都在刻意地批判过程中丧失了自己本该有的超越和批判品格,沦入"为了批判而批判"的窠臼之中。他说道:"批判艺术是这样一种艺术,它要引起对统治机制的关注,并将观众变成有意识改变世界的行为人。"① 他对当代艺术之中的批判艺术是批判的态度,朗西埃认为,现代艺术之中,尤其以异质性元素并置拼贴的艺术形式,总是自诩自己具有一种批判的功效,也就被称为批判的艺术。这种批判的艺术借用了感性异质性和感性分配的能力,制造了艺术与非艺术、艺术与生活之间的拼贴,在朗西埃看来,这样的批判艺术走上了批判的迷途。因为,艺术成为直接的批判手段,艺术的自主性和自律性就此丧失了,而成为了批判的手段和媒介。这样的艺术势必会产生让人逆反的心理和审美效果,美学的超越和自由品格被剥夺。审美依然没有逃脱教化的立场和伦理的维度。

在对现代批判艺术的批判过程中,朗西埃举了几个例子。第一个例子是,布莱希特的著名剧作《阿尔吐·乌伊的有限发迹》,它以芝加哥黑帮教父的发迹史为隐喻,讽刺希特勒纳粹势力。剧中布莱希特将纳粹领导人描绘成售卖花椰菜的商贩,并把他们有关蔬菜生意的讨论写成了有韵体的古文。朗西埃认为,这样的隐喻形式,就是典型的制造了异质性的场景和异质性语言的空间,让观众和读者看到隐藏于种族与国家圣歌之下的买卖关系。第二个例子是玛莎·萝斯勒的摄影作品《将战争带回家》,这是朗西埃多次提到的一个具有典型意义的作品,萝斯勒用女性杂志上的广告展示美国的"小资产阶级家居空间"的同时,却有一个极其微小的空间有意地展示了越南战争暴行的照片,将其放置在家庭空间内部,以战争罪行的图画代替儿童卧室的海报。第三个例子是,德国摄影艺术家梅克塞泊(1964—)的一幅摄影作品,作品的画面由两种毫不相干的异质元素拼贴而成,背景是一些举着标语的抗议者,前景则是一个垃圾溢得满

---

① J. Rancière, *Malaise dans l'esthétique*, Paris: Galiée, 2004, p.87.

第五章 审美的介入：从批判到平等的建构

地都是的垃圾箱。这个作品的批判目标显然是消费社会所产生的过度消费，而手段就是隐喻消费与战争一样，对战争的抗议也被消费社会的消费逻辑所掌控，不能逃脱商品过剩和过度消费的资本主义商品逻辑的魔爪。

朗西埃认为，这样有着相反意义的异质元素的拼贴，以西方资本主义社会中幸福的小资产阶级个人家庭幸福和帝国主义战争进行强烈的对比，异质元素的拼贴的确产生了强烈的震惊和批判效果。但朗西埃认为这种批判的艺术是有问题的，问题在于它的政治目的和艺术手段之间建立了直接的联系。艺术的目的在于创造政治效果，艺术手段是异质元素和感性事物的拼贴形成陌生震惊的审美感受。批判艺术和批判的程序是没有实践意义的，而且丧失了艺术的自主性。使得艺术既丢失了现实的维度，又丢失了自由的品格。而且存在一种极其不平等的预设，那就是艺术的欣赏者是"无知"的，是需要艺术的创造者来直接传授其政治目的的人群。无疑，朗西埃并不认同这样的不平等存在。朗西埃认为这样的艺术如果说早期的"程序仍然致力于创造指向解放过程的意识和能量形式"，那么这些"批判的批判"则完全"从解放的视野中断开了"。① 为此，朗西埃说这种传统的批判程序的错误就在于，"将对待无能的人作为其目标：不知道如何观看的人，不理解他们看到的事物的意义的人，不知道如何将获得的知识转变为行动的能量的人"②。因此，这是朗西埃所不能容忍的，为此，他提出要超越这种基于"有能和无能""有知识和无知识"的批判的逻辑，打破这种逻辑就要借助于他在《无知的教师》里所运用的平等理念和平等维度。

因为，朗西埃认为，这种审美和艺术的批判逻辑与传统教学逻辑一样，依赖的仍然是"知识型"模式和"阐释"的逻辑。以福柯为代表的"知识型"模式无形之中假定了解释者和被解释者之间的不平等的结构。审美批判的逻辑也依然是要在表象之下发现本质，"现象与本质"的思维

---

① J. Rancière, *The Emancipated Spectator*, London: Verso, 2009, pp. 31–32.
② J. Rancière, *The Emancipated Spectator*, London: Verso, 2009, p. 47.

模式和习惯，事实上也假定了两种人之间的不平等，即"有知识的人"和"需要别人的解释才能获得知识的人"之间的不平等。因此，朗西埃认为这种批判的艺术首先遵循的依然是精英逻辑范式，将观众置于无知的位置，"与其说批判艺术是一种解释支配形式及其矛盾的艺术，不如说它是一种质疑自身的局限和力量，拒绝对其自身的效果进行预设的艺术"①。朗西埃认为批判艺术必须放弃"教化"的立场，承认观众的能力，没必要非向观众传达特定的政治目的，也不要抱着直接干预世界和社会的目的来创作。事实证明，审美现代性批判的路径是无效的，最终也都走向了一个又一个的审美乌托邦。

也就是说，在朗西埃看来，审美现代性批判依然是精英话语的思维模式，尽管其运用了批判的武器，却没有达到真正意义上的批判，因为他们批判的前提是思维模式之中已经预先假定了不平等的存在，这其实就是对不平等的一种默认。可以说，朗西埃的眼光是独到的。

第二节 审美的沟通功能——
审美的平等维度

可以说，经过文艺复兴、宗教改革、启蒙运动，将人从神的魔掌中解救出来以后，人与人之间的关系问题，及其衍生出来的公平、正义、平等、幸福、交往等各种关系问题，成为了另外一个重要的研究课题。什么才是好的生活？如何实现人与人之间的公平和正义？成为现代哲学、伦理学、社会学、政治学等各个学科所孜孜以求的答案。平等是一个难题，也是一个理想。朗西埃的平等维度就是从思考亚里士多德提出的难题入手的，"在什么方面平等与不平等呢？这是不容忽视的问题，因为这个正是

---

① J. Rancière, *Dissensus*, *On Politics and Aesthetics*, Edited and Translated by Steven Corcoran, New York: Continuum International Publishing Group, 2010, p.149.

难题之所在,也是政治哲学之所在"①。这是朗西埃非常喜欢的一句名言,并且将其放到了他的《歧义》一书的开篇序言第一句话。可以说,"平等"是朗西埃毕生的追求,在孜孜以求的过程中,朗西埃找到了三个阐释的角度,智识的平等、知识的诗学和解放的观众。

一、智识的平等

朗西埃通过对传统"知识型"结构的批判入手,推翻了自西方理性哲学传统以来的因"智力"、知识所造成的不平等。"智识平等"(intellectual equality)也被译作"智力平等",是朗西埃把美学、政治学、文学、历史学和教育学等各学科和领域跨界融合的一个基本的前提,是他批判"不平等"最有力的思想范畴之一。将"智力平等"的假设作为一个起点,对抗知识型精英话语模式,反抗启蒙理性神话及资本主义的资本霸权,从而寻找人的解放的出路。朗西埃认为,解放的核心就是人的"智识"是平等的,而解放就是验证平等的过程。朗西埃认为不平等首先来自于古希腊以来就有的精英知识论、逻各斯中心主义,因为知识论首先就预设了"有知"与"无知"的区分。

在《无知的教师》中,朗西埃着重批判了教学过程中,作为教授者的教师具有与精英知识分子及传统理性主义哲学所宣扬的一样的优越性,而这种优越性就彰显了某种程度的不平等。为此,朗西埃提出了"智识平等"或"智力平等"的概念。他从18世纪教育家雅克托的教育方法入手,表明老师必须是无知的,老师不用教授学生知识,一切都要靠学生自学,老师要做的就是引导和鼓励学生。雅克托的教育理念深深地影响了朗西埃,这也正是朗西埃"智识平等"思想的理论来源,朗西埃借此提出了他的激进平等哲学,目的就是颠覆权力的权威和知识型范式。朗西埃认为,传统的理论认为,教师就是绝对的解释者,他们授教的潜台词就是"你们

---

① [法]雅克·朗西埃:《歧义:政治与哲学》,刘纪蕙等译,西安:西北大学出版社2015年版,序第3页。

什么都不懂，必须听我的"，学生就是无知的，这种过程就是对学生进行"愚蠢化"的过程，教学中存在"有知者"和"无知者"，就意味着教学中存在着权威，存在着控制和压迫，存在着不平等。

朗西埃反对将学生看做是无知的，他认为正是对学生无知的认同使得民众丧失了参与政治的权利和能力。为此，朗西埃坚决反对那种由阿尔都塞和布尔迪厄所倡导的"精英知识论"或叫做"进步主义"的解释原则，由精英知识分子引导普通大众的原则。在《无知的教师》中他说："'解释的规则'不仅仅是教育的逻辑，更是且是社会的逻辑，这一逻辑的名字就是'进步'。作为教育神话的进步已经深入整个社会的神话之中。而且教育神话的核心是作为进步阻碍的不平等的代表。"① 值得注意的是，朗西埃在这里并不是倡导"知识无用论"，"知识无用论"的前提是不要学知识，而他所倡导的是一种"智识"实现过程的平等，反对的是一种权威的话语模式和思维范式。这也是他激进的典型表现。

朗西埃认为把人划分为"有知的"和"无知的"就是预设了不平等。他不但批判"有知"的精英知识论，还赋予了"无知"新的内涵和更积极的意义，并提出了他的"无知"思维范式。这"无知"与苏格拉底的"自知其无知是一种智慧"、哈耶克和波普尔的知识论、库萨德尼古拉的"有学识的无知"，孔子的"知之为知之，不知为不知，是知也"一样，知道自己"无知"更是一种"知"。也如苏格拉底曾让朋友去德尔菲神庙叩问阿波罗"谁是世界上最智慧的人"，阿波罗说："没有人比苏格拉底更智慧。"但苏格拉底却一直称自己是无知的人，这就是为什么阿波罗说苏格拉底最智慧，因为他能够认识到自己的无知，"自知自己无知是一种智慧"。也如康德所说"人的理性都是有限度的"，尽管当前科学技术如此发展，但随着人的知识总量的增长，知识和社会的分工越来越细，人类却越来越知道自己无知，在人类知识领域之外，存在人的理性无法达到的无知的空间，以至于我们不是从"知"的角度出发去追问"这是什么"，而应

---

① J. Rancière, *The Ignorant Schoolmaster*, trans by Ross K, California：Stanford University Press, 1991, p. 119.

该从"无知"的角度出发去追问"这不是什么"①。"无知"的心态是一种思维方式，对抗有知的束缚，突破有知的空间。朗西埃的"无知"范式倡导一种以平等为原则的知识论，反抗理性的膨胀和精英知识分子及西方自启蒙理性开启的理性话语的霸权。

为此，朗西埃将教学过程分为两种教学模式，一种是"愚化"的模式，就是将教学过程严格地界定为"有知"和"无知"。另一种是"解放"的模式，就是首先假设"智力平等"。智力的平等并不是知识量的相等，也不是人人的智力程度一样，在朗西埃看来这是一种解放的维度，"智力没有高低之分，而只存在对智力的展示的不平等之分"，教师需要做的就是要让学生充分地展示自己的智慧，而不是老师的绝对权威，"解放的课程是所有人都有平等的智力，解放意味着实现这一平等的智力，即能够说话、思考和行动的能力"②。朗西埃的目标是平等，而且也成为了他的一种手段："知性解放理论使得我们挑战的不单是先锋党的权威主义，而且还有使其合法化的权威主义纲要。这种纲要是朝向一个平等或自由目标、可通过手段和目的的策略来成就这种平等或自由的历史观念。我们必须从确实感觉到的、此时此地的自由和平等出发。"③朗西埃所倡导的这种"智识平等"充分体现了其思想的对话和交流特质，倡导一种交流的对话。

朗西埃认为，传统精英话语之下，教师和学生之间，专家和普通人之间的不平等，就体现在前者对后者进行知识的启蒙，因此，"不平等方法之核心是将知识上的差异，转变为了智力上的不平等"④。社会中的专家和

---

① 梁峰：《知识与自由——哈耶克政治哲学研究》，北京：知识产权出版社2007年版，第155页。

② J. Rancière, *The Ignorant Schoolmaster*, trans by Ross K, California: Stanford University Press, 1991, p.109.

③ [法]雅克·朗西埃：《民主、无政府主义与今日激进政治：雅克·朗西埃访谈》，蒋洪生译，见汪安民、郭晓彦主编：《生产》（第8辑），南京：江苏人民出版社2012年版，第239—248页。

④ [法]雅克·朗西埃：《平等的方法》，陆兴华译，载《新美术》，2013年第10期。

精英知识分子也对普通民众是一种"智力上的不平等",如此导致了社会将知识作为次序哲学的划分标准,这种分层和划分使得不平等的神话不断继续着。因此,朗西埃不断地批评精英知识分子,将民众视为"无知"而代替民众说话。朗西埃曾说过:"实际上,我所倡导的智性解放(intellectual emancipation)模式之关键在于对教学逻辑,也是对先锋逻辑的翻转。居于统治地位的教学模式要求:为了消除落后,最先进者应该引导不那么先进者。但是正是这种想象事物的方式不断再生产出其试图消除的落后性。在最先进分子的指导下,从不平等出发从而达到平等。"① 朗西埃认为这是典型的柏拉图精英城邦秩序的话语体系和黑格尔"主奴"关系话语模式,朗西埃力图打破这种对不平等的预设,抹消地位和等级的分配,消除一切分界和界限,从而倡导智识的平等和人的真正的平等。

二、知识的诗学

在朗西埃的美学思想体系之中,"知识的诗学"成为对"平等"理念进行阐释的又一重要美学范畴。朗西埃在《历史之名:知识的诗学》中提出了"知识的诗学"的概念,并对其研究的范围和目的进行了阐释,他说:"我称这样的研究为知识诗学(poétique de savoir)的一种:一种对整套书写程序的研究,借由这些程序,使论述摆脱了文学,赋予自身科学的地位,并且指出此一地位的意义。知识的诗学所关注的在于知识是如何被读和写,如何被建构为一种特殊论述类型的规则。它企图定义知识所献身的真理之模式——而非提供规范,更不是为了让科学的妄称生效或失效。"② "知识的诗学"是对"智力平等"在美学思想和领域中的运用和延

---

① [法]雅克·朗西埃:《民主、无政府主义与今日激进政治:雅克·朗西埃访谈》,蒋洪生译,见汪安民、郭晓彦主编:《生产》(第8辑),南京:江苏人民出版社2012年版,第239—248页。

② [法]雅克·朗西埃:《历史之名:论知识的诗学》,魏骥德、杨淳娴译,上海:华东师范大学出版社2017年版,第16页。

第五章 审美的介入：从批判到平等的建构

伸，也是一种平等的方法和思维理路，是在美学领域担当起打破分层和不平等的手段。

朗西埃认为诗人身上有一种"诗性的美德"，诗人利用的是"我们智力的最突出的特点：诗性的美德"①，也就是即兴创作。诗人的这种"诗性的美德"具有超越词语和知识的维度，能够超越知识的权威，诗人的即兴创作是把词语作为通向知识的通行证，假设词语需要中介的智慧来使之被理解。诗人的词语在这一过程中充当中介的作用，通过引起别人的注意，假定一个他者能够看、能够想、能够对此发表意见。由此，诗人创作诗歌不是给他者传输知识，而是通过引起他者的兴趣，给他者提供看、听以及表达的机会。朗西埃在这里用"诗人"其实就是寓指"艺术家"，艺术家就该还事物以本真的状态，"艺术家需要平等，正如解释者需要不平等"②。可以说朗西埃所倡导以一种诗学的方式来把握和学习知识，是基于诗学自古希腊以来就被赋予的灵感和创造的特质而言的。从苏格拉底对诗人只有在迷狂状态下才能"代神说话"作出诗歌；到柏拉图认为诗歌能够"滋养人性中卑劣的情欲部分"，因此倡导要将诗人赶出理想国；到亚里士多德认为诗歌具有道德的教育功能和净化人的灵魂的功能；到维柯倡导的诗性思维和诗性智慧是人的原始的智慧；到海德格尔倡导一种"诗意的生存"的审美的生存方式……可以说，诗性智慧和诗性思维被运用到了美学研究之中。而朗西埃更将其运用到了知识学和政治学之中，朗西埃的诗性思维是直接来源于维柯的，维柯所谓"诗性的"含义是指人的"创造性的想象力"或者说是"凭想象来创造"，是人的原始思维，维柯说原始人"因为能凭想象来创造，他们就叫做'诗人'，诗人在希腊文里就是创造者"③。借此，朗西埃将诗性的想象力运用到了知识和政治领域，认为知识和政治

---

① J. Rancière, *The Ignorant Schoolmaster*, trans by Ross K, California: Stanford University Press, 1991, p. 64.

② J. Rancière, *The Ignorant Schoolmaster*, trans by Ross K, California: Stanford University Press, 1991, p. 70.

③ ［意大利］乔瓦尼·巴蒂斯塔·维柯：《新科学》，朱光潜译，北京：人民文学出版社1987年版，第162页。

都不该直接以霸权思维传授给他人，而是应该通过引起他者的兴趣，给他者提供看、听以及表达的机会。在这样的诗性智慧之中，"它使得'穷人的言说'从一个意义体制过渡到另一个，人民的声音不再是演说家的声音之处"①，"一切政治的与知识的灾难在无知的与死亡的等同中被废除"②。

可以说，从这个层面上来讲，朗西埃的"知识的诗学"与康德美学的"无目的的合目的性"、席勒的"自由的游戏"一样，都具有平等的美学维度。"知识的诗学"意味着以"诗学"或美学的维度来理解知识。打破学科的界限，回到一种共同的话语面前，达到一个平等的没有话语等级秩序的、没有柏拉图的"神圣的谎言"的空间，强调每一个人对于故事的创造和语言的设计。对知识采取诗学立场和态度就是要强调不同主体之间去发明、创作故事和构造论据的共同语言和共同能力之间的平等，这是一种平等的方法，更是一种美学的立场。

"知识的诗学"所具有的美学意蕴与康德的"无目的的合目的性"、席勒的"自由游戏"具有同样的效果和意义。席勒提出，"只有当人是完全意义上的人，他才游戏；只有当人游戏时，他才是完全的人"③。自由的游戏把感性与理性、被动与主动、物质与形式、变化与规律都结合起来了，取消了对人的分类，只要游戏就是使人摆脱来自感性的无知强制和理性的道德强制的人的自由活动，达到了人的完满，即自由与平等的审美状态。席勒的"审美状态"和朗西埃的"知识的诗学"思想有共同之处，"美既是我们的状态又是我们的行为，当享受美和审美一体的时候，在材料和形式之间，在被动和主动之间发生着一种瞬息的统一和相互调换，这恰好证明了两种天性的可相容性，无限在有限中的可实现性，从而也证明了崇高人性的可能性。""总之，人融入和从美过渡到真理再也不可能成为问题

---

① ［法］雅克·朗西埃：《历史之名：论知识的诗学》，魏骥德、杨淳娴译，上海：华东师范大学出版社2017年版，第105页。

② ［法］雅克·朗西埃：《历史之名：论知识的诗学》，魏骥德、杨淳娴译，上海：华东师范大学出版社2017年版，第130页。

③ ［德］弗里德里希·冯·席勒：《审美教育书简》，冯至、范大灿译，上海：上海人民出版社2003年版，第117页。

了，因为真理按其功能已在美之中了。"① 对知识采取诗学的态度也一样可以突显和品味到知识的真理，还可以超越等级秩序的限制，从而实现审美的平等。

这就是诗性思维具有的激情的内涵，艺术的政治具有一种新的激情，能够穿越愉悦与痛苦之间的平衡，打破他们既有的秩序和处境，用激情建立了新的感性世界。诗学具有自由的生产，诗学的自由作为一种感知的反应，可以超越预先制定的各种层级的限制。

三、解放的观众

朗西埃的"解放观众"概念，也是"智识平等"理念在其美学体系之中的又一运用和延伸，也是服务于其"平等"理论的又一美学范畴。朗西埃所说的"解放的观众"概念并不是局限于戏剧的观众、电影的观众，而是包含一切具有观看、阅读等行为的主体。

在《解放的观众》之中，朗西埃认为，观众什么可看，什么可感，必须要接受什么，以及其所产生的审美效果，都由导演和剧作家规定好了。这就是典型的"艺术的伦理机制"的代表，就是教导人们要按照某种伦理的规则采取行动。"这就是灌输式教师传达的观念：在一个头脑或一个身体中存在的知识、能力、能量，必须被转化到另一边，进入他人的头脑或身体。这个预设是，教学的过程是一种具有因果关系的传递：学生学习的是教师的知识，对原因和结果的认同是愚化的原则。"② 因此，《解放的观众》与《无知的教师》都是在阐述一种基于知识的权威而产生的"不平等"。

朗西埃认为传统的剧场代表的是一种封闭式的特权，演员和观众之间

---

① [德] 弗里德里希·冯·席勒：《审美教育书简》，冯至、范大灿译，上海：上海人民出版社 2003 年版，第 130 页。

② [法] 雅克·朗西埃：《获解放的观众》，张春艳译，载《当代艺术与投资》，2012 年第 2 期，第 82—88 页。

存在着不可逾越的鸿沟，观众被限制在观众的位置，导演和演员扮演着知情者的角色，通过各种手段告知观众隐藏在剧情之后的秘密。导演和剧作家们决定着观众可以看见什么，可以感觉到什么，观众并且可以按照导演的预期效果产生相应的理解效果和反应。这样的剧场之中不能实现朗西埃想要的"平等"，因此，朗西埃在《被解放的观众》里分析了剧场里的这种"不平等"。他首先从布莱希特和阿尔托对这种不平等的批判开始探讨。

布莱希特"陌生化"理论倡导一种"间离"效果，让观众与戏剧脱离开，让观众与剧中人物脱离。演员要做的就是使观众产生惊讶，而非共鸣，在布莱希特看来，共鸣是多余的。阿尔托"残酷戏剧"理论类似于康德的"崇高"理论，戏剧中舞台所展现的一定要给观众以压力、可怕和残酷的感觉，与布莱希特的"间离"效果一样，要让观众产生震惊。朗西埃认为，布莱希特和阿尔托的戏剧理论都有一系列对立的预设——"观看与理解""表象与真实""消极与积极"，在这种对立之中，彰显了戏剧创作者与观众之间的不平等，戏剧依然是脱离观众的，依然是要通过观众所观看到的"表象"来表达一种并不被观众所理解的"深刻"。戏剧也是在精英知识分子或文化精英分子的掌握之中，戏剧本身是真理的占有者，观众是学生，观众在这些精英分子看来依然是无知的、消极的、被动的，并没有真正理解他们的戏剧。尽管布莱希特和阿尔托都用"陌生感"和"残酷戏剧"理论对抗了这种不平等，但朗西埃认为这都是在承认等级秩序的差异和"不平等"的前提下开展的工作，都是经典的柏拉图式剧场的延伸而已，其尝试取消差异的行为方式，却无形之中进一步地加深了这种"差异"和"不平等"，因为掩饰在其背后的依然是"不平等"的逻辑思路。

与二者相反，朗西埃不主张距离的消除，而是距离的强化和绝对化，他致力于建构一个歧感的共同体，使得在其中每个人都是解放了的观众。朗西埃认为传统思维之中之所以将"观众"看作是"观众"，就是因为他们要"观看"某种事物，他认为这并不是一件好的事情。因为，"观看"本身就是与"知道"相对立的，被看作为"观众"就是被认为是"无知的"、被动的、没有行动力的、没有任何介入的权利的。因此，这是朗西埃不能容忍的，也是他极力批判的。朗西埃提出的"解放的观众"显然与布莱希特和阿尔托不同，他们不是要被带入导演和剧作家精心设计的情节和角色之中，而是要从自己的生活来阐释戏剧。朗西埃就是通过"平等"的手段，通过"解放"的方式，将戏剧的解释权和阐释权还给观众，将导演和剧作家从高高的神坛上拉下来，因为导演和剧作家对戏剧的阐释就是使观众"愚蠢化"（stultification）的过程。这其实也是他关于"有知"和"无知"理论的进一步延伸，在戏剧里，导演和剧作家一直是处于"有知"的位置，而观众被认作是"无知"的。所以，朗西埃呼吁一种"没有观众"的剧场，这里所说的"没有观众"就是要将观众从观众的位置和地位上解放出来，就是要将观众变成"科学家"，有能力获得舞台背后的真相。倡导观众成为戏剧的积极解释者，把戏剧变成自己的戏剧，观众通过戏剧在讲自己的故事。在朗西埃看来，真正解放的观众是："她观察、选择、比较、阐释。她将所看见的与其他地方、其他舞台上看见的一系列事物联系起来，她用前人诗歌中的元素谱写自己的诗……观众们像演员、剧作家、导演和舞蹈家一样观看、感受和理解事物。"① 朗西埃致力于打破传统的剧作家、导演对作品的阐释霸权，认为观众其实是有思想、有观点、有辨识能力的，并不是无知的被动的接受者，观众应该积极地参与到戏剧之中。

于是朗西埃在《美感论》中专设了一章讨论现代默剧，他认为现代默剧形式中对传统观众的思维是一种打破。在对现代默剧的探讨中，朗西埃充分说明了，现代默剧的观众，是在打破权威的束缚之下体现了平等的戏剧形式。而且他认为默剧的现代意义就在于其跟剧情的因果逻辑等切断了联系，并不需要过多的设计和诠释，而只表现人的情感，比如，卓别林等的众多作品。他说："一种戏剧艺术，它不再基于心理与社会性质的情节、借助因果联系来模仿生活中的理性，而是精确地演出幻境。"② 而且现代默

---

① J. Rancière, *The Emancipated Spectator*, London: Verso, 2009, p. 13.
② [法] 雅克·朗西埃：《美感论：艺术审美体制的世纪场景》，赵子龙译，北京：商务印书馆2016年版，第99页。

剧不用再纠结于技巧，反对自然主义的再现，反对借演员来阐释人物的思想，而是将思想视觉化，变成了空间中的形体表演，因此，朗西埃认为，默剧的表现力，不在于代替语言以表现思想和情感，而是在这种大众艺术的形式之中，使得民众人物不带任何道德目的地被表现出来，所以说，"对于默剧，天主教艺术的时代已经终结，而新教艺术的时代正在开启。权威与传统不复存在；自由探究的原则将要遍地绽放。"① 在朗西埃看来，这样的默剧和小丑表演，就产生了与马克思主义的联姻，因为将大众艺术推广到舞台之上，并且找到了新的形式，"电影这种新的艺术，为默剧表演提供了一个蕴含可见性的新空间"②。默剧废除了亚里士多德规定的戏剧的行动的旧逻辑，打破亚里士多德"情节"的因果机制，重新实现新的"可感效果"③。在默剧之中观众获得了解放。

在朗西埃看来，解放的观众不是艺术场域内的行动者，而是闯入者，是对既有的场域秩序的挑战和破坏，朗西埃通过解放的艺术告诉我们，艺术不是如精英知识分子们所认为的那样高高在上，普通民众无法占有或者理解，恰恰相反，无论是处于博物馆还是艺术馆中，当代的艺术都是离大众越来越近的。解放的观众，也就是解放的大众，这种解放来自于大众自身就拥有感性的能力，他们会以自己的视角审视艺术，即便是以一种日常生活化的方式来审视和理解，但大众应该是被解放出来的，艺术也应该属于普通人的生活。朗西埃之所以建构出解放的观众，是为了实现他的"感性的分配"找到主体，这样才能挑战既有的感性分配结构，扰乱秩序，制造出更多的感性的再分配，以使得不可说者可说，不可见者可见，创造崭新的歧感共同体。

---

① ［法］雅克·朗西埃：《美感论：艺术审美体制的世纪场景》，赵子龙译，北京：商务印书馆2016年版，第101页。

② ［法］雅克·朗西埃：《美感论：艺术审美体制的世纪场景》，赵子龙译，北京：商务印书馆2016年版，第106页。

③ ［法］雅克·朗西埃：《美感论：艺术审美体制的世纪场景》，赵子龙译，北京：商务印书馆2016年版，第129页。

第三节　审美的建构功能——
审美的政治功效

尽管艺术和美学总自诩其自主性和自律性，但自古希腊以来的众多哲学家总是在艺术上附加了很多功能，似乎艺术从诞生之初就被赋予或是关于伦理的或是关于政治的功能，而且很多哲学家美学家都围绕着政治的建构、道德伦理的修养等方面，去阐述艺术和分析艺术，甚至界定艺术的本质。美学学科从诞生之初开始，也总是与各种学科很难分开，美学与伦理的问题，美学与政治的问题，成为美学研究过程中的重要问题。从柏拉图将诗人驱逐出理想国的政治目的开始，美学的政治功效的探讨从未停止过。直到马克思的共产主义社会的审美社会、席勒的自由人的审美王国，到阿多诺、马尔库塞、詹姆逊、伊格尔顿、巴迪欧等现当代哲学家，无疑都将艺术和美学看做解释世界和改造世界的手段。朗西埃也同样赋予了艺术和美学以解释世界和改造世界的能力和手段，并且是在批判了自康德开始建构起来的美学的伦理关系问题。

一、美学的伦理转向

自从康德指出美与道德的关联开始，似乎审美与道德和伦理关系问题就占据了美学研究的核心。按康德所说，人对审美对象的感性观照的过程中，产生了无利害的自由愉快，不涉及概念，不涉及欲念，从"人是目的"为出发点来理解审美是无利害的自由愉快，人只有在排除了欲望的支配之时，才能不被物所奴役，不被物及其他关系所异化，才是自由的、有独立人格的、有尊严的人。人要获得"爱与敬"的情感，获得人生的快乐与幸福，一刻也离不开审美。在此意义上来讲，美学不只是本体论和认识论的，也不只是艺术哲学，更是人生哲学，离不开伦理意义，高尔基就把美学看作是"未来的伦理学"。维特根斯坦在《1914—1916年笔记》和《逻辑哲学论》中都说过"伦理和美学是同一个东西"①，联结二者的就是"永恒和幸福"。艺术品因永恒而能够看见对象，善的人因永恒而能认识世界，而"美正是使人幸福的东西"。而且，维特根斯坦一再强调，人生是沉重的，艺术是轻松的，艺术的目的就是美，美是为了使人幸福。为此，面对痛苦的人生，面对现代性造成的人的生存困境和心灵危机，维特根斯坦不停地说"幸福地生活吧！"这种对幸福的敬意和情感，不仅仅是一种生存论的伦理的立场，更是一种美学立场。

美学与伦理的关系问题，在20世纪90年代，以伯奥瑞德为代表的关系美学和以利奥塔为代表的崇高美学推动了一场美学的伦理转向，将艺术从属于伦理。法国哲学家伯奥瑞德的《关系美学》（1998年）中提出了一个核心的美学范式即"关系美学"。伯奥瑞德称其"关系美学"是作为描述阐释20世纪90年代以后艺术的新的理论范式，在他看来，20世纪90年代后的艺术创新"不是风格、主题或者图像学"，而是"它们所能够分享的必须更为明确，意即在相同的实践与理论视界进行操作的事情：人际联系的世界。他们的作品主要操作着社会交流模式、与观者的美学经验中的互动，以及用于连接个体间、团体间的具体工具向度上的交流过程"②。《关系美学》中对"关系艺术"和"关系美学"都做出了比较明确的定义。他说："关系艺术是指不再以自律性和私有性空间，而是以人的关系及其社会脉络作为理论与实践之出发点的艺术创作"，"关系美学是指依据作品所描绘、制造和诱发的人际关系，来判断作品的美学理论"③。如此看来，关系美学就是强调当代艺术的社会建构，当代艺术是具有社会性的，是一种特殊社会性的生产，所有的艺术对象都从属于社会关系结构，"艺

---

① 孙斌：《美：关于幸福的言说——维特根斯坦早期哲学思想中的美学观》，载《浙江学刊》，2000年第3期。

② [法] 尼古拉斯·伯瑞奥德：《关系美学》，黄建宏译，北京：金城出版社2013年版，第50页。

③ [法] 尼古拉斯·伯瑞奥德：《关系美学》，黄建宏译，北京：金城出版社2013年版，第146—147页。

术家首先制造的就是通过美学对象完成的人与世界之间的关系"①，社会性就意味着当代艺术具有伦理维度。

以利奥塔为代表的崇高美学更是深化了美学的伦理渊源。利奥塔认为，长期以来，西方哲学和美学界的一个假定和成见就是，遵循了康德的"形式"和"物质"之间的关系原则，重视形式，轻质料，甚至对感性漠视。利奥塔批判了康德形式观，他说："形式给出一个情况，一个最简单，也许是最基本的，构成——根据康德观点——任何精神之共通的适恰性的情况：即综合给定物和聚集普遍多样性的能力。于是材料被典型的再现为繁多的、不稳定的、不断消失的东西。"② 利奥塔认为，这就是长期以来占据传统哲学和形式主义美学范式的根源。而现代美学和艺术却发生了颠覆性的变化。利奥塔仍然回到康德美学之中去探讨，在他的《非人》中从崇高入手来探讨这个问题，他曾认为他之前的百年内，艺术的范式不再是康德的形式产生的优美，而是内容产生的崇高，这也是康德在《判断力批判》中着重写"崇高的分析"的原因。利奥塔从康德的《判断力批判》中提取了"优美"和"崇高"这两个美学概念，以试图理解现代艺术和先锋派艺术的本质，从而建构了他的"崇高美学"理论，由此，崇高成为现代美学的重要范式。

利奥塔崇高美学范式建构的起点是康德"想象力"的概念。康德美学中想象力是至关重要的，想象力不仅呈现官能和感觉，而且想象力具有自由的内涵，因为想象力不受知性和概念的规定性的限制。在想象力自由活动中，想象力能够创造出新的感受和事物。但是，利奥塔的崇高美学就发生在想象力的创造过程中，"想象力在崇高情感中遭受的灾难"。在利奥塔的美学体系之中，想象力遭受了什么样的灾难呢？康德认为"想象力"有一个任务就是要赋予"形式"于"物质"，美的艺术就是把形式赋予材料之中。而利奥塔认为，在这个赋形的过程中，想象力如果

---

① ［法］尼古拉斯·伯瑞奥德：《关系美学》，黄建宏译，北京：金城出版社2013年版，第49页。

② Lyotard, *The Inhuman: Reflections on Time*, Polity Press, 1991, p.139.

遭受了失败，形式就不能再与优美或者崇高情感相契合了，如果形式已经无力表现所要表现之物，这个时候，物质怎么办？由此，利奥塔认为，康德的崇高美学不能解释人类艺术观念，也不是从人的感性的情感结构出发就可以理解的。崇高是一种绝对精神，优美的必然要被崇高所打破，"这样就宣告了一种美学的终结，即美之美学的终结。这是以精神的最终目的及自由的名义宣告的"①。所以，利奥塔认为这是当代美学所要考虑的问题。

利奥塔认为，现代艺术不借助于形式，就只能借助于材料本身，艺术所表现的就是材料本身。为此，他还赋予了这样的材料两种"特异性"，第一，材料是纯粹差异的。还可以理解为"非物质性"，由此强调了形式无用，材料自身就能产生艺术；第二，材料自身就具有引发情感的能力。还可以理解为材料自身就能够引发人的心灵共鸣，材料自身具有"激情"，不需要形式就能使人获得审美愉快，审美就可以直接来源于这种关系之中，而不需要形式的媒介。面对以伯奥瑞德为代表的关系美学和以利奥塔为代表的崇高美学的伦理转向，朗西埃在《美学及其不满》中进行了尖锐的批判。朗西埃认为二者都是一种伦理秩序模式。

二、对美学伦理转向的批判

朗西埃认为这种伦理转向使得美学回归到了柏拉图式的伦理秩序之中，朗西埃认为柏拉图所主张的社会秩序和灵魂构成，就是典型的伦理秩序。在伦理秩序中，不同阶层的人具有不同的灵魂形式或者感性形式，具有不同的感觉、思想和行为方式。那么，朗西埃认为美学的当代的伦理转向具有两方面的问题：一方面，在事实与法则、实然和应然的无区分中，判断自身屈服于法则的力量；另一方面，这种法则的激进性在于它宣称只有一种选择，在于它不过是事物秩序本身的限制。如此说来，艺术和政治的伦理转向，造成了一种无后果的道德判断，也是一种政治和美学阐释框

---

① Lyotard, *The Inhuman: Reflections on Time*, Polity Press, 1991, p. 137.

第五章　审美的介入：从批判到平等的建构

架的改变。

在朗西埃看来，以伯奥瑞德为代表的关系美学就是伦理共同体的守护者，而且其恰恰解释和迎合了"共识"政治模式。这种"共识"政治已经成为当前西方发达资本主义国家的基本的"民主"主导话语。朗西埃认为这种具有共识意味的关系美学的效应，就是抹杀了不同利益和欲望群体成员制造"歧义"的能力。关系艺术"企图恢复一种社会连接和共同体的感觉，以此对抗资本社会中人际关系的崩解，是一种排斥'歧感'，建造和谐共识的'共识玄术'"①。朗西埃用了"玄术"一词，意在批判关系美学以"共识"伦理建构的原则。这就如同朗西埃一直所批判的柏拉图对理想国中城邦之善的维护和辩护的方式，将共同体成员的不同部分绝对无条件地从属于整体城邦的共同之善。因此，与关系美学所倡导的"美的和谐"的共识社会的设计不同，朗西埃从"歧义""异识"的视角出发，倡导对可感物的重新分配和感性的分享，试图通过"政治"来打破原有的既定的"关系的"共识秩序，将"被排除者"视为民主政治的构成性条件。朗西埃在对影像问题论述时，就曾表达了这样一个强有力的观点，"图像的终结就在这时完成，在图像已经被奉献给权力后"②。

与批判伯奥瑞德的关系美学一样，在《美学及其不满》中，朗西埃也对以利奥塔为代表的崇高美学的伦理维度进行了尖锐的批判。利奥塔通过材料不借助形式自身就具有激情使人们获得审美感受，并通过对康德崇高中"无力的想象力"和情感的解释进行了验证。朗西埃认为利奥塔的这种"无力的想象力"和"激情"恰恰是对康德的反向阅读。在朗西埃看来，利奥塔不但没有用康德验证自己是合理的，反而做了反向的验证，因为，在利奥塔的论述中，"无力的"恰恰不是想象力，而是理性，理性无力掌握其所从属的感性事件。

同时，朗西埃认为利奥塔是当代思想的特殊形态，"'美学'在过去的

---

① 蒋洪生：《关系艺术，还是歧感美学》，载《艺术时代》，2013年5期。
② [法]雅克·朗西埃：《图像的命运》，张新木、陆淘译，南京：南京大学出版社2014年版，第28页。

二十年里从批判思想转变为沉思哀悼的特权场所"①，这足见他对批判艺术也即审美现代性的批判和对美学伦理转向的批判。朗西埃认为利奥塔将断裂从优美转移给崇高，将人的意识屈从于他者法则的永恒奴役。利奥塔认为"审美条件就是对感觉界的顺从"，并且通过调用心灵屈从"他异性"法则，正是在这种屈从的意义上，利奥塔为艺术领域引入崇高的概念，使得艺术"见证与不可再现物相遇，不可再现物削弱一切思想"，使得艺术"见证对于将'思想'变为'世界'的宏大美学—政治努力的傲慢态度的控诉"②。所以，利奥塔坚持所有的解放叙事都将导致灾难的论调。朗西埃对此持反对意见，他认为利奥塔对康德的崇高的反向的阅读或者重写消除了审美经验的政治解读，消除了审美的悬置和解放的许诺。进而在这种"阐释"模式之中，也颠倒了席勒审美教育观念中的自由平等的许诺。朗西埃认为，如果艺术不再有解放的希望，那他就只能见证他者的法则，就只能永久地遵守异化法则，什么事都不能做，只能导致一种无谓的政治哀悼。朗西埃曾说："亚里士多德在《政治学》第一卷中，透过将政治'人性'自外邦者的双重形象——那高于人类或低于人类者——分离所指出的关系。这高于人类或低于人类者，就是神明或禽兽、神性与兽性的宗教对偶。伦理正是将思想放置在禽兽与神明的面对面之间。也就是说，如同承担起它自身的哀悼一般，它承担起了政治的哀悼。"③

三、对美学的政治坚守

在对现当代艺术美学伦理转向的批判过程中，朗西埃着意于建构其政治美学体系，可以说，在当代美学研究的政治转向过程中，朗西埃功不可

---

① J. Rancière, *The Politics of Aesthetics*: *The Distribution of the Sensible*, Translated by Gabriel Rockhill, London and New York: Continuum, 2006, p. 9.

② J. Rancière, *The Politics of Aesthetics*: *The Distribution of the Sensible*, Translated by Gabriel Rockhill, London and New York: Continuum, 2006, pp. 9 – 10.

③ [法] 雅克·朗西埃:《歧义：政治与哲学》，刘纪蕙等译，西安：西北大学出版社2015年版，第175页。

没。他认为关系美学服务于共识政治，消除了艺术创造"歧义"的能力，而崇高美学服务于"哀悼政治"，消解了艺术的解放潜能。

在当代西方美学这样消沉的境遇之中，朗西埃发出了强有力的声音，可以说为美学打了一针强心剂。为了反对这种伦理秩序，重返美学的自由超越精神，朗西埃主张政治的秩序或者美学的秩序，在政治和美学的秩序中，人的社会位置和感性形式，即人的感觉、思想和行动之间不再有等级的差异。朗西埃呼吁回到康德和席勒的审美经验的政治美学范式之中，只有在感性的审美经验中，才能显示出自由和平等的能力。朗西埃认为康德的《判断力批判》的"美的分析"以及席勒审美教育中自由平等的分析，都是运用审美经验悬置了知性的法则和感性的法则。朗西埃进一步发展了这种思路，将审美经验的悬置与对权力关系的悬置结合起来。

前提是，朗西埃认为美学并不是政治或伦理的附庸，美学先验地具有政治性。政治与美学具有着天然的同一关系。政治就是美学的，美学就是政治的，并不需要外在的伦理目的或者政治目的，可以看出朗西埃企图超越目的论的传统，而实现了美学与政治的本质的同一。"由于话语及其理性依据和感知所处的环节，所谓的感受性的分配分享，意味着宣示的逻辑必然也是一种宣示的美学。政治并不是最近才不幸地被美学化或者奇观化。美学是使脱离表达的不同体制得以沟通的原因。现代历史中不同政治形式的确被连结到感受性分享，以及感受性论述美学的改变。"① 从他关于"歧义"为始发点的观念出发，到"政治""可见性""无分之分""感性的分配/分享""艺术的美学体制"等核心概念阐述可见，其理论旨归的政治性是显然的。政治的美学在于通过政治主体化的过程重构感性的分配，美学的政治是通过艺术实践和可见性的形式重塑感性的分配。

朗西埃认为艺术和美学之所以是政治的，是因为艺术通过感性的、感知的分配和分享，挑战和重塑了时间和空间的分配，质疑了主体性的分配。具有美学意义的政治，是通过对惯常的感性分配秩序的打破，重塑新

---

① ［法］雅克·朗西埃：《歧义：政治与哲学》，刘纪蕙等译，西安：西北大学出版社 2015 年版，第 80 页。

的感性秩序和结构,其开放和平等的意义在于,任何人、任何事都可以纳入艺术的空间和形式之中。"美学以自主性话语的现代面貌出现,决定了感受的自主性切割。这正是被康德凸显出来的所谓美学共同体,以及其自身所要求的普遍性。因此,自主化的美学意味着首先是再现规范的解放,其次,感受共同体类型的建构是运作一个假定的世界,那些不被纳入感受模式的各部分得以被看见。"① 这个意义上,不是将政治行动通过意识形态批判而审美化,而是通过感性的重新配置和分享的美学位移,通过一种诗学的新的分配,打破、动摇感知共同体的原有秩序,建立新的感性共同体。朗西埃将艺术的这种功能称之为美学的革命,也是他极力建构的一个歧义的共同体,期盼着在审美的共同体之中,没有等级秩序,人人可享平等。这就是在当今全球一体化中被强大的资本逻辑所绑架的世界之中,朗西埃拾起的一个微弱的武器,如此一来,艺术和美学就具有了隐性的政治功能。

朗西埃将美的这种政治功能与席勒美学进行了对比。席勒用"游戏"来描述了一种新的形式的感知或感性分配,他认为游戏活动"将承担起审美艺术以及更为艰难的生活艺术的整个大厦"②。席勒描绘了朱诺雕像"我们处于同时是最平静和最激动的状态,这样就产生了那种奇异的感触,对于这种感触知性没有概念,语言没有名称"③。也就是说朱诺雕像作为一种感性形式,人在观赏它的时候,由于人的知性和感性之间进行的"游戏活动",使得观赏雕像时产生了两种悬置,对于以其范畴决定感性既存的知性能力的悬置,对于要求欲望对象的感性能力的悬置。这也就是席勒在法国大革命的自由需求之下,将康德的形式问题发展为了政治问题,也就是形式之于物质、理性之于感性是具有权力效应的。形式之于物质的权力就

---

① [法] 雅克·朗西埃:《歧义:政治与哲学》,刘纪蕙等译,西安:西北大学出版社2015年版,第80页。
② [德] 弗里德里希·冯·席勒:《审美教育书简》,冯至、范大灿译,上海:上海人民出版社2003年版,第124页。
③ [德] 弗里德里希·冯·席勒:《审美教育书简》,冯至、范大灿译,上海:上海人民出版社2003年版,第125页。

第五章 审美的介入：从批判到平等的建构

是精英知识分子之于普通大众的权力、文化之于自然的权力、理性之于感性的权力。也如伏尔泰所断言的普通人不会与有教养的人有同样的感知。

但是，朗西埃认为，实际上席勒提出审美的自由表象和自由游戏挑战的就是这样既定的感知秩序和感知分配系统。席勒认为鉴赏判断中知性和想象力的自由游戏，并不意味着形式与材料的和谐，而是打破了形式和材料的和谐关系。游戏之中是一种自由愉快的颠倒。席勒悬置了知性法则和感性法则的审美经验由此具有了解放的意味。由此，朗西埃认为席勒所说的美学自由，具有了政治的意义，朗西埃赞成并发展了这一观点。从朗西埃的"感性的分配/分享"的视角来说，形式和物质的关系，就是一种感性分配不均导致的权力关系。席勒所提出的艺术的审美鉴赏活动之中，由于感性和知性之间的悬置，使得美学的政治性发生了，权力被悬置了，感性获得了解放，感知可以进行重新的分配。朗西埃抓住了席勒所在的时代背景，法国大革命作为推翻君主制的暴力革命，却开启了一种新的、可能的、审美的途径和渠道，也成为后世哲学和美学家们所孜孜以求的一种理想和愿景。席勒说："人们在经验中要解决的政治问题必须假道美学问题，因为正是通过美，人们才可以走向自由。"① 这也是朗西埃近 20 年来由政治学、社会学、哲学转向美学和艺术领域研究的一个原因。

由席勒等人建构的审美的王国经常被批判为一种审美的乌托邦，但是朗西埃在此基础上借鉴福柯"异托邦"的概念也建构了他的美学异托邦。"异托邦"的概念，源于托马斯·莫尔的《乌托邦》。在莫尔的小说之中，"乌托邦"是大西洋的一个小岛，但被他赋予了政治性的内涵，寓指一个近乎完美理想的社会政治生态。是当时英国人民向往的美好的社会理想。借助"乌托邦"的概念，福柯在 1966 年出版的《词与物》中提出"异托邦"（heterotopia）的概念，从语言和经验之间的关系入手，讨论了"乌托邦"和"异托邦"的区别。之后在 1967 年《论异度空间》的演讲中，又进一步发展了"异托邦"的概念，成为其重要的空间哲学概念。福柯是通

---

① ［德］弗里德里希·冯·席勒：《审美教育书简》，冯至、范大灿译，上海：上海人民出版社 2003 年版，第 21 页。

过"镜喻"来分析乌托邦和异托邦,在他看来镜子里的世界就是一个想象的乌托邦,而且这个想象的乌托邦是不真实的,是一个虚幻的世界,"因为镜子没有任何场景能依靠,所以它仍然是'乌托邦'式的。在镜中那个虚幻的空间内我自身得以呈现,我却又不能看清真实自己的所在;我虽然在那镜子里,然而真正的我却不在里面,在我面前的仅仅是一个影子的呈现。它只是镜中人影反射在人眼球上从而呈现出的一个表象,从这个方面来说镜子就是一个'乌托邦'"①。镜子里的人即"我"也是一个不真实的镜子中的"我",在镜子中"我"在一个不在场的位置上认识我自己,但是我们人在照镜子的瞬间是真实的,所以镜子里所展现的空间就是又虚幻又真实的"异托邦"的世界,而不仅仅是镜子里的"乌托邦","乌托邦"只停留于人的臆想的幻象之中,只是人们美好生活的寄托。而"异托邦"却是从我们虚幻的乌托邦里重新审视自己的。而且福柯认为,这种与"乌托邦"相对立的"异托邦"在世界各种文明和文化中都有这样可以被称之为"异托邦"的场所,"在所有文化中,在所有文明中,都存在着这样一些真实的场所、有效的场所,它们被书写入社会体制自身内,它们是一种反位所的场所……因为这些场所全然不同于它们所反映,它们所言及的所有位所,所以,与乌托邦相对立,我称它们为异托邦。"② 由此,福柯就用"异托邦"喻指一个既真实又虚幻的政治空间。

借用福柯"异托邦"的概念,朗西埃提出了"美学的异托邦"的理论设想。但朗西埃的"异托邦"概念更着意强调"他者"的出场和其重构可感经验的审美意义。朗西埃的"异托邦"是需要我们想象的理想空间,是审美的空间。他也是基于"感觉的分配/分享"的核心概念,并在广义的美学范畴框架之下来阐述的"异托邦","'异托邦'意味着想象'异'(heteron)或者'他者'(other)的一种特定方式,这是作为位置、身份、

---

① [法]米歇尔·福柯:《不同的空间》,周宪译,载《激进的美学锋芒》,北京:中国人民大学出版社2003年版,第23页。
② [法]米歇尔·福柯:《不同的空间》,周宪译,载《激进的美学锋芒》,北京:中国人民大学出版社2003年版,第22页。

能力分配之重构效果的他者"①。他所说的政治逻辑对于听、说、做的方式的扰乱自然就形成了"美学异托邦"(aethetics heterotopia),在朗西埃看来,这种美学的异托邦实际上在康德、黑格尔等著作中都是存在的,他在《美学的异托邦》中说:"康德《美的分析》中对美的概念化建构了一种异托邦,因为它把宫殿之形式从各式各样的'习惯看法'(topoi)中抽离出来;而以习惯的观点来看,宫殿或者是作为功能性的建筑,或者作为权利之所,或是用以展示贵族的骄傲,或是作为社会或道德斥责的对象,等等。它并不为伦理构造所形塑的各种习惯看法多增添一种习惯看法。相反,它创造了一个点,在这里,所有那些区域及其所界定的对立都被取消。"② 朗西埃还以此举例说,黑格尔在《吃瓜者》中对衣衫褴褛的乞儿进行评价时,表现的是一种"内在的自由",这对画中人的身份、身体以及社会伦理秩序所规定的位置关系就是一种扰乱,是所见与所做之间关系的一种断裂,形成的启示就是一个美学异托邦。因此,朗西埃认为,这就是一种完美的"社会角色和艺术欣赏之间的关系的断裂",这就是在艺术的世界之中,美学建构了属于它的感性的异托邦,以使得在艺术的世界和美的世界之中,乞丐获得了与宫廷皇族均等的入画的机会,获得了感性的分享所带来的平等。美学异托邦在朗西埃这里是一个审美平等的感性空间,是具有政治意味的。朗西埃认为黑格尔描述《吃瓜者》时所说的那段话恰好证明了是对感性的另一种分配。朗西埃说:"黑格尔这段话,不只说明画派间没有了层级,也说明题材间没有了隔阂。"③ 而且朗西埃认为,这样的平等恰恰体现了艺术理想中的自由,因为它结合了两种自由,"一是现代人凭自身意志创造出自己世界的自由,一是古代的神所体现出的无

---

① [法]雅克·朗西埃:《美学异托邦》,蒋洪生译,见汪安民、郭晓彦主编:《生产》(第8辑),南京:江苏人民出版社2012年版,第205页。
② [法]雅克·朗西埃:《美学异托邦》,蒋洪生译,见汪安民、郭晓彦主编:《生产》(第8辑),南京:江苏人民出版社2012年版,第205页。
③ [法]雅克·朗西埃:《美感论:艺术审美体制的世纪场景》,赵子龙译,北京:商务印书馆2016年版,第37页。

欲无为的自由"①。

综上，朗西埃认为，艺术中的政治是"本然存在的"②，"原则上政治就是美学的。但在话语秩序与感受性分享之间作为新的结合点之美学自主化，则是政治的现代配置的一部分"③。因此，政治的美学就是，政治通过主体化对共同体进行感性的重新分配。美学的政治就是，重组感性经验的艺术的过程，其重新创造的可见性和可感性的形式具有政治的效用。尽管在朗西埃看来，当代艺术已经是"资本主义全球生产的一部分"，它虽不能激烈地改变现实世界，却能够帮助我们进行感性的重新分配，从而建构不同的感性形式，去感知我们的世界和生活。"创造性形式证实着每个人的能力与我们内在的抵抗力量。……无论如何，这种从其触发能力而非其传达的意象，与大众文化或者反文化相关联的方式，对我来说，才是当下真正的政治议题。"④

本章小结

朗西埃从"智识的平等"和"知识的诗学"出发，并不是在宣扬知识无用，而是要消除知识和理性所造成的霸权，对抗精英知识论，以及由此带来的对人与人之间的差异和分层，以及因其产生的不平等，释放由确定性、历史性、总体性所抹杀的多样性、丰富性、可能性。朗西埃的平等并

---

① ［法］雅克·朗西埃：《美感论：艺术审美体制的世纪场景》，赵子龙译，北京：商务印书馆2016年版，第47页。
② ［法］雅克·朗西埃：《审美革命及其后果》，赵文、郑冬梅译，载《东方艺术》，2013年第13期。
③ ［法］雅克·朗西埃：《歧义：政治与哲学》，刘纪蕙等译，西安：西北大学出版社2015年版，第81页。
④ ［法］雅克·朗西埃等：《可能性的艺术：与雅克·朗西埃对话》，蒋洪生译，载《艺术时代》，2013年第5期。

第五章 审美的介入：从批判到平等的建构

不是纯粹的伦理学意义和政治学意义上的平等，朗西埃所言的"平等"只是借助了政治学的概念，更是要表达美学意义上的审美的"平等"，是美学上的、具有普遍性的、积极的、主动的"平等的概念"。这种"平等"体现的是感性的可分配逻辑，是生命的自我解放的力量。平等的这种普遍性，恰恰表现于美学之中，在审美的世界里，在美学的维度上，真正的平等祈求可以冲破现实的禁锢，获得最大限度的实现和满足。因此，美学与平等的勾连和完美结合，审美平等维度的审视，是朗西埃对美学理论和政治建设的一大贡献。但是，虽然朗西埃意在批判历史性和总体性，却又以解构的思维建构了另一个宏大叙事，那就是关于"平等"的普遍性，他曾说"平等不是一种铭刻于人性的本质或理性之中的价值。平等，就其被付诸实践来说，是作为普遍性的效果而存在的，是一种须被预设的普遍性，它在每一种情形之中被证明和展现"[①]。这是自古以来，尤其后现代主义哲学家共有的特点，解构他者，建构自己的同时，依然是如他者一样的建构模式。而且我们说，朗西埃深切地意识到现实社会的种种不平等，工人阶级的现实状况、贫富差距的加大、金融资本的霸权、社会财富全球分配的不均等，马克思的共产主义社会的理想图景无疑也是具有美学维度的理想社会，如同马克思一样，朗西埃也运用了美学的维度。但可以说，马克思在政治经济学基础之上建构社会主义社会无疑是一个审美的王国，但审美只是他的目的。而朗西埃试图将审美既作为一个目的，又作为一种手段，赋予美学天生的政治功能。但是，可以说，在残酷的全球资本掌控的社会现实面前，是否如他所批判的审美现代性批判或批判艺术一样，即便不再是伦理的或政治的附庸，即便美学天然地具有政治性，是否这种天生就具有了政治性的美学，的确能够承担起改变世界的重任？实现人的自由全面解放的规划？毋庸置疑，朗西埃的审美规划必将面临现实的失败，但其所指向的一种美好的设想，也如一个审美的王国，值得人们去追逐向往。

[①] [法]雅克·朗西埃：《政治的边缘》，姜宇辉译，上海：上海译文出版社2007年版，第55页。

结　语

　　出生于 1940 年的法国，可以说，朗西埃生于一个特殊的世界和时代，两次世界大战的阴霾、奥斯威辛的恐慌、世界性金融危机的频发，科学和技术与人类物质文明、社会乃至人的心灵和精神之间发生了前所未有的微妙关系，科技的发展没能带来人和社会的安定，物质财富的大生产没能带来人的生活的满足，科学技术理性造成的现代性危机使得人的自由更是遥不可及。

　　面对着这样的世界，作为一个有良知的知识分子，青年朗西埃踌躇满志，他期盼自己能像马克思一样探讨着改变这个世界，为此，他加入了法国共产主义小组，为此他投师于阿尔都塞的门下。但朗西埃的理想非但没有照入现实，反而被现实撞了个头破血流，经过五月风暴，他发现以阿尔都塞为代表的精英知识分子及其所具有的逻各斯中心主义的思维模式，根本解决不了最现实的社会问题，改变不了最下层的劳动人民的生活现状，人的异化现状没能因精英知识分子的解释和阐释而得以改变。为此，他做出了人生中最痛苦的一个决定，与老师阿尔都塞决裂，这种决裂意味着朗西埃开启了自己哲学的轨迹和路径，也奠定了影响朗西埃反逻各斯中心主义、反理性的宏大叙事，注重平民的民主化以及他一生对于平等诉求的执著与不懈奋斗。

　　因此，离开阿尔都塞后，朗西埃一头扎进了工人档案的研究工作，也正是从那里，朗西埃发现了劳工们的"感性"的身体，并一点点地从档案学、生命政治学、历史学挖掘出其深藏的美学意蕴，直到其理论的后期，

结 语

近 20 年来，直接转到了美学领域的研究。针对西方传统认识论哲学对感性的无视和遮蔽，将美和审美纳入感性的谱系，回归感性本身，用感性的、生命的、自由的、审美的价值取向来观照自然、社会和人自身，用感性的话语来表达人类对理想社会追求的深沉渴望，从而建构理想的社会形式，成为朗西埃思想理论的核心问题。

一、朗西埃美学思想研究的总体脉络

全文共分五部分，是以朗西埃思想的核心关键词"平等"和"感性"来展开的。

第一部分主要阐述了朗西埃美学思想产生的历史语境和理论来源。可以说其思想的起点是吸收了法国大革命和"五月风暴"之中关于人类自由平等的理想诉求，有着法国人对于自由平等的革命精神。亲眼见证了"五月风暴"之中人们的平等诉求，见证着世纪性历史变革的朗西埃，如同阿多诺、马尔库塞等西方马克思主义者一样，深切地意识到启蒙现代性及科学技术理性导致的现代人更深的异化的根源就是不平等。为此，朗西埃吸收了西方哲学思想中的激进的"平等"理论，将自由、平等作为人类的终极理想追求，目标都是人民的平等和幸福。可以说，正因为朗西埃具有着这样的政治学视角和审美人类学视角，朗西埃在对"平等"理论的追求过程中，发现了并结合了"感性"的维度，并巧妙地将二者勾连起来。所以在理论来源部分，重点厘清了朗西埃结合"感性"的维度的原因，廓清了"感性"在西方哲学史和西方美学史发展过程中如何被压抑、凸显，并逐渐拥有自己的话语权。并且将审美与政治关系的问题进行了详细的厘清和阐释。尤其追溯了自从席勒至 20 世纪前期，审美政治所讨论的主要议题一直都是自由与审美的结合，即如何将审美作为实现人类自由解放的工具。从对早期资本主义社会进行政治经济学批判的马克思，经由对发达资本主义社会的意识形态进行批判的马尔库塞，到对晚期资本主义社会的自由民主体制进行批判的朗西埃，感性都被看作是理想社会建构的重要维度。无论是马克思的"感性的解放"、马尔库塞的"感性的重建"，还是朗西埃

"感性的分享",其理论的旨归或是批判早期资本主义社会普遍存在的异化劳动而追求共产主义的审美王国,或是批判发达资本主义社会的工具理性导致的单向度的人而诉求总体的人,或是批判晚期资本主义社会的等级秩序而倡导审美的民主化,由此马克思、马尔库塞与朗西埃为人们呈现出了脉络清晰的政治美学发展谱系。阐释了当代政治美学转向中,朗西埃的出场及其重要作用。

第二部分对朗西埃美学一些基础性的核心概念进行了厘清,阐明了朗西埃的思想具有着鲜明的微观生命政治学的意蕴,可以说,其思想的起点就是从对于生命的感性维度的研究和挖掘开始的。随着人类文明程度的日益增高,一切黑暗的、显现的、宏观的、总体的对人的控制已经不再,但现代西方资本逻辑操控之下的社会,正在以各种极其隐蔽的权力对人进行着微观的、全方位的、不易觉察的"控制"。朗西埃敏锐地意识到,对抗当今如此隐蔽的微观权力的有效方法不是宏观的政策,而应该是一种"平等"的武器,这种平等要从人的最为微观的智力、感受、感觉开始,让人们充分地认识到自己的感性的需求和生命主体的需要,在感性的领域之中寻求平等,抗拒权力的控制。在这样微观的感觉构境之中,使人的生命得以溢出。而这些都要源于他美学思想的一些基础性概念,"歧义""异质""奇点""事件""断裂",而这些基础性的概念,正显示了其对抗宏观政治,反抗西方逻各斯中心主义和理性的宏大叙事的出口,通过"歧义"及其制造出的"歧感"的审美效果,从宏大的、宏观的历史叙事模式中找到断裂的出口,将具有异质性的、偶然的"奇点"的"事件"纳入艺术和审美领域,将不可见、不可听、不可说的事件融入艺术之中,从艺术和美中显现那些不被既定的社会秩序所容纳和接受的部分的美学价值。以期产生异质的美感,实现对美学和美感的重新分配。

第三部分基于"歧义"的冲破和"异质性"的感性彰显,使得可感物得以具有了重构、重新分配和分享的可能性。因此,由朗西埃美学的核心概念——"感性的分配/分享"的论述展开,重点探讨了朗西埃划分的艺术的美学机制及其所影响着的美学的命运与走向演变。从朗西埃对于"政治"概念的理解切入,是因为只有在朗西埃所理解的"政治"概念基础上才能理解他的"感性的分配/分享"。朗西埃的"政治"概念是与"治安"概念相反的,他所理解的"治安"就是我们惯常所理解的管理和管控,就是共同体成员都在"恰当的"位置上,由此一些人就能够参与社会公共事物,一些人只能劳作而被排除在了"可感"的范围之外。因此,朗西埃提出一定要坚持一种"政治"的态度,那就是"政治"的目的就是破坏"治安"的分配秩序,对可感性进行重新分配,让被"治安"排除在外的"不可感"者伸张权利。为此,他提出了"感性的分配/分享"的美学体系,就是要建立一个崭新的艺术的美学体制,在这样的体制之中,美学也有了扩大化的定义,"美学不是关于艺术或者美的哲学或科学,美学是可感性经验的重构"①。就是朗西埃将"美学"还原为鲍姆加通使用其时的词源学意义,认为真正的美学是可感物与不可感物之间的分布,即可感物的分配格局。朗西埃说:"这种对空间和时间的分配与再分配,对地位和身份、言语和噪声、可见物和不可见物的再分配"就是"感性的分配"②。在这样的感性的分配格局中,"不可见"可见,"不可说"可说。所以,正是因为感知经验决定了什么是艺术的和美的,使得现代艺术和美学发生了一种转变和走向。在经历了艺术自律和艺术终结、美学神话和美学退场的历史命运之后,艺术和美学在后现代或者当代世界图景之中展现出了另一番景象。艺术与生活边界的交叉融合,已经使得日常生活审美化,审美日常生活化。从艺术自律到审美的泛化,使得普通的"无名"之人、物成为艺术的主题,这种现当代艺术感性的重新分配结构,打破了既定的等级的秩序和规则,形成了新的艺术的美学体制。

第四部分阐述了因感性的可分配、可分享的价值,使得美学在艺术形态之中具有了民主化的效果。从"感性"的可分配、可分享的维度出发,具体阐释了"感性"如何在当代艺术和美学之中发挥它的可分配、可分享

---

① [法]雅克·朗西埃:《美学异托邦》,蒋洪生译,见汪安民、郭晓彦主编:《生产》(第8辑),南京:江苏人民出版社2012年版,第196—212页。
② [法]雅克·朗西埃:《文学的政治》,张新木译,南京:南京大学出版社2014年版,第4页。

的价值，以及如何实现了具有"平等"意蕴的审美民主化进程。朗西埃认为"感性"的分配和分享，使得"感性"能够冲破既定秩序的牢笼，打破再现体制等级限制，从而创造艺术的美学体制，由此，以小说、诗歌、影像三个领域为例阐释了这种美学机制。朗西埃认为文学是一种新的书写体制，在其中作者可以是任何人，读者也可以是任何人。进而，朗西埃将文学的政治性界定为"就是作为文学的文学介入这种空间与时间、可见与不可见、言说与噪声的分割"[①]；同样，新诗学也是对可感知材料和感受的一种新的分配，"诗歌从每个可感形式中发现超越感性的力量，发现通向无限的力量"[②]，新诗学突破旧诗学的再现体制中对优美和崇高的再现，获得了感性的重新分配，语言的不及物性使得语言不会天生地指向任何人；朗西埃认为影像也已经不再是与古典一样具有"膜拜价值"，而变成了"展览的价值"，但影像的平面性却传达了一种公共性，也变得成为与大众更近的艺术，从而在影像之中可以实现每一个人的最直接的感性的重新分配。无论在他对各种文学作品的分析，还是马拉美的现实主义诗歌的探讨，以及作为现代技术与艺术结合的影像、电影的研究过程中，朗西埃都从"感性可分配/分享"的角度，论述了当代文学和艺术如何实现了新的感性的分配和美学空间的重构。并且探讨了在当代的文学艺术形式之中如何以一种僭越的方式冲破旧的审美格局和体制限制实现新的分配和分享。使得各阶层的审美界限被打破，高贵的审美特权被瓦解，艺术等级被取消，使得异质性元素能够制造"歧感"，使得不可见、不可听、不可说者得以在当代艺术中显现。为此，朗西埃倡导，真正的艺术必定是异议性的，然而，朗西埃认为当下的艺术却没有矢志不渝地坚持这个方向。相反，他们往往会固守既定的审美体制边界，没有重新分配情感，依然没能走进平民生活，没有真正实现审美的民主化。

[①] [法] 雅克·朗西埃：《文学的政治》，张新木译，南京：南京大学出版社 2014 年版，第 5 页。

[②] [法] 雅克·朗西埃：《美感论：艺术审美体制的世纪场景》，赵子龙译，北京：商务印书馆 2016 年版，第 81 页。

结　语

　　第五部分阐明了当代美学的政治维度的研究范式。厘清了美学和艺术自产生之初，总是没能脱离其与伦理和政治的关系，从苏格拉底的"美在效用"开始，美学就具有了伦理性，从柏拉图认为诗应该符合理想城邦的善和正义开始，美学就具有了教化的功能和政治的功效，直到近代。因此，此部分论述了当代美学政治转向视域中朗西埃的政治美学思想的产生及内涵。整个现代性的进程一直伴随着对现代性所造成的人的异化、世界的异化的批判与拯救。从康德、黑格尔、马克思及西方马克思主义者，到尼采、马尔库塞、马克斯·韦伯、阿伦特、德里达、福柯，再到当代西方左翼思想家朗西埃、巴迪欧、阿甘本、齐泽克，等等，都对现代性所造成的人的状况给与了深刻的思考与批判，也都指明了救赎之路。可以说这前半段路程是属于审美现代性批判范式，而朗西埃开启的后段路程，他不认为是以批判为功能的审美现代性的救赎模式，而是具有沟通和交往功能的审美平等的解放范式。他认为以批判为目的的艺术仍然限于一种伦理的维度之中，这种伦理的维度就是典型的美学的教化和效用功能，他对现代批判艺术和美学的伦理转向进行了批判。为了反对这种伦理秩序，重返美学的和自由的超越精神，朗西埃主张政治的秩序或者美学的秩序，进而提出了美学的平等维度。为此，朗西埃从"智识的平等""知识的诗学""解放的观众"中的平等开始论述，但可以看出朗西埃虽然从"智识的平等""知识的诗学"出发来探讨"平等"维度，但他并不是在宣扬知识无用，而是要消除知识和理性所造成的霸权，对抗精英知识论及其带来的社会阶层的固化，倡导多样性、可能性。所以，"知识的诗学"和"解放的观众"都成为其"智识的平等"理念在美学领域的延伸和运用，在美学的维度上，真正的平等就是实现了感性的重新分配，艺术和美学自身就具有感性分配和分享的品格，不需要运用所谓的批判和伦理手段，这也就是美学自身就具有政治性。从而朗西埃认为美学与政治是同一的，美学的就是政治的，政治的就是美学的。朗西埃呼吁回到康德和席勒的审美经验的政治美学模式之中，只有在感性的审美经验中，才能显示出自由和平等的能力。所以，朗西埃认为美学既不会天然地成为一种伦理的教育功能，又不是天生的自律，他独树一帜地认为美学天生就具有政治性。美学的平等维度就是要坚持美学的政治性,也就是他所倡导的政治的美学和美学的政治。

二、朗西埃美学思想的意义和价值

经历了后现代主义的冲击,美学在当代曾一度衰落。从古希腊巴门尼德的"存在"、柏拉图的"理念",到中世纪神学完善的"上帝"和近代启蒙哲学至上的"理性",西方理性哲学传统使得"感性"一直处于被压抑的命运。但感性维度一直潜藏着,并随着近代和现代思想进程,逐渐突破理性权威。感性话语及其蕴含的审美之维在现当代无所不用其极。从现代直觉主义、唯意志主义、存在主义、弗洛伊德主义到后现代各种"事件"和话语(身体、语言、言语),从叔本华的"上帝远去"到尼采的"上帝之死",从罗兰·巴特"作者之死"到福柯的"人之死",感性话语的不断出场,并成为政治美学中人的解放与社会理想建构的途径、手段和目的。解构主义美学和后现代主义美学消解了美的本质,否定了美的真理性,否认了美学的价值。朗西埃突破后现代主义美学的重围,不但重申了美学在当代的意义和价值,还创造性地重返"感性"在美学学科中的最初含义,确立了以"感性的分配/分享"为核心的基于"平等"的当代政治美学图景。从马克思的"感性解放"、马尔库塞"新感性的重建"到朗西埃"感性的分享","感性"与现实的、解放的维度相结合,勾勒了现当代美学政治转向的图式。

其实,在西方哲学和美学历史发展中,审美与伦理、审美与政治关系问题的探讨从未停止过。朗西埃作为当代激进左翼思想家,突破被后现代主义所践踏的美学碎片化的重围,拨开笼罩在美学之上的关于伦理的、政治的、社会的、心理学等的重重迷雾,不但重申了美学的当代价值,还从"感性"的可分配之中确立了美学的政治性,反对狭隘的美学自律和美学的伦理附庸,认为美学自诞生之日起就具有民主和平等的政治性,艺术和美学在本质上就具有超越和自由的品格。为此,朗西埃的美学思想具有以下的独特意义和价值。

第一,突破后现代主义美学的重围,给美学注入了一针强心剂。可以说,当代社会之中,后现代主义美学对古典及现代形而上学美学进行了批判,否认了美的本质,否定了美的意义和真理性,导致以语言学取代美学;后现代主义把审美等同于大众文化,从而使审美世俗化;将艺术纳入消费主义逻辑,以快节奏的艺术品取代艺术,取消艺术的边界,使得审美具有身体性、消费性;艺术日渐融入日常生活,导致审美泛化,甚至走向终结。在受到后现代主义美学的巨大冲击之后,美学曾一度衰落。而朗西埃认为美学和艺术不能沉迷于这样的现状之中,必须重申美学的价值。认为美学非但没有衰落,却在当代获得了更重要的意义。所以,他在近20年的理论研究过程中,完全地转向了文学艺术和美学领域,在当代美学研究之中发出了强有力的声音。批判了反文化、反美学的策略,成为"美学复兴"和"美学回归"浪潮之中最重要的弄潮儿之一,这种回归就是美学自身意义在当代的彰显。

第二,重返美学的原义,牢牢抓住"感性的分配/分享"的价值。在重申美学价值的过程中,朗西埃找到了一个核心的关键概念,那就是鲍姆嘉通在创建美学学科时所用的"aesthetica"(感性、感觉)一词。对抗总体性和逻各斯中心主义和理性霸权对人的感性的漠视,关注人的微观的情感结构,注重感性、感觉、情感,并对"感性"既讲分配,又讲分享。"分配"是源于其微观政治哲学尤其是马克思对于"分配"问题的理解;"分享"的概念,是源于康德的审美判断力所具有的"普遍性""可传达性"。可以说,他独创性地继承了马克思政治经济学中"分配"的概念,康德的审美判断所具有的"无目的的合目的性""无功利"的"共通感",以及现当代西方哲学或者说西方马克思主义者基于康德"共通感"所发展的"公共性""共同体"等的"公共"维度,并与感性进行了结合。在这种结合的过程中,朗西埃独创性地扩大了美学的概念和价值,朗西埃认为美学就是对可感觉经验的重构,关注人的感性结构,他认为"美学不是关于艺术或者美的哲学或科学,美学是可感性经验的重构"[①]。可以说,朗西

[①] [法]雅克·朗西埃:《美学异托邦》,蒋洪生译,见汪安民、郭晓彦主编:《生产》(第8辑),南京:江苏人民出版社2012年版,第196—212页。

埃对美学的定义,极大地扩展了美学的概念,使得美学具有了扩大化的内涵和研究范围,使得不只有传统艺术和哲学范围的美学研究得以可能,极大地扩展了美学研究的问题域,并且使得所有能够纳入感性体系结构内的人、物、事都具有了美学的意义和价值。由此又延伸出了基于"平等"维度的政治美学。

第三,拨开美学与其他学科的迷雾,开启了美学的政治转向。尽管艺术自启蒙时代开始总自诩其自主性和自律性,但其实艺术从诞生之初开始,就被赋予了一种功能,从柏拉图在《理想国》中认为只有"颂神和赞美好人的诗"才可以留在理想国中,美学或者说诗学就被赋予了伦理和政治的功能,在此基础上的探讨从未停止过,美学和艺术从未离开过与各种附庸的关系之中,尽管从鲍姆嘉通确立美学这一学科开始,也总是与各种学科很难分开,美学与伦理的问题,美学与政治的问题,成为笼罩在美学研究过程中的重重迷雾,所以康德极力倡导艺术的自律品格和美学的自由精神。朗西埃通过对审美现代性过程中,批判艺术和哲学美学所直接运用的政治批判的手段的否定,以及对审美与伦理勾连的反对和批判,倡导美学要脱离长久以来政治的和伦理的附庸,重返康德所说的美学的自由的超越精神。朗西埃极力表明,艺术和美学绝不能充当说教的工具,艺术要始终饱有其独立自主的品格,通过保持与现实世界的审美分离而发挥"歧感"效用,去扰乱所谓"正确"的观看、言说与行动的方式。所以朗西埃说,真正的美学是可感物与不可感物之间的分布,即可感物的分配格局。在这样的感性的分配格局中,打破既定的秩序模式,使得"不可见"可见,"不可说"可说,从而实现审美的平等,才有可能推动人类改变世界、引领自由解放的实践,开启了当代美学研究的独特的政治转向。成为一种具有平等意蕴的政治美学或美学的政治,这是美学自身就具有的内涵,在朗西埃看来,美学是政治的根本。他把一种"原始的美学"界定为"一种对空间和时间,可见与不可见,言语与噪音的界定","艺术的实践"是"可见性的形式","美学的政治"则主张将美学作为感知的政治分配中的一个特定领域来加以理解。美学自身就是一种"元政治",它在等级支配的感性经验领域引入一种新的平等。可以说,这是朗西埃对于美学理论的一大贡献,也是对于人类政治问题的一个深刻的认识。

三、朗西埃美学思想的困境和局限

从这个意义上来说,朗西埃坚持认为审美、艺术和政治具有高度的一致性。他甚至将所有的审美和艺术问题,都看作是政治问题,政治具有美学性,美学具有政治性,也就是他所建构的政治的美学或美学的政治。尽管朗西埃曾批判阿尔都塞等精英知识分子及逻各斯中心主义所造成的不平等,但企图以美学的革命去改变世纪既定的政治秩序和资本结构的不平等,是否有效?朗西埃的理论也因其武器的微弱,必然导致其在现实面前的困境和局限。

第一,审美的平等能否实现人的真正的平等?

在朗西埃看来,美学有一个重要的任务,它要在艺术的审美体制范围内引领艺术,它不仅决定了艺术应该是什么,更重要的是要让艺术走近大众的视野和生活,创造一个具有平等意蕴的感觉共同体。而当代的批判艺术和激进艺术没有真正地实现这个任务,不是因为当代艺术的批判意识不够,而是他们都没能真正地走近人民。而面对着市场、资本、消费逻辑主导的全球资本主义商业逻辑,大众和艺术都失去了其清醒和反抗的能力,变得委身于社会表面的共识、和谐、繁荣、多样,其实这是被资本主义逻辑价值及消费社会繁荣假象所遮掩与同化了,是对真正的艺术、平等、进步、自由、价值的遗忘。当代艺术在关系艺术、见证式艺术、伦理范式的邀约下失去了批判和反思的功能。当代艺术究竟该往何处去?是完全委身于此,还是继续保持其激进的姿态?如何缔造一个没有分割、没有差异的可感物,消除分野,实现真正的平等?一直是朗西埃头脑中最大的规划。以艺术的美学体制和美学的政治立场,回应民众对平等和解放的政治热求,一直是朗西埃努力的方向。

但朗西埃的政治性主体实际上是感性主体,他从感受性机制和话语逻辑出发展开其政治学说,而政治性主体的重新计算就是要重新划分人的身体化的经验场域,重新主体化的过程实际上就是改变原有的演说与理解的感性配置。但与当代全球资本主义现实之中,金融、资本、财富、资源等分配所导致的不平等的现实相比,审美的和感性的平等是不是螳臂当车?尽管力量微弱,但朗西埃沿着西方马克思主义者所进行的美学批判的走下去的勇气就在于,我们不能委身于现实,要保持一种与现实分离的理想的姿态,努力设想一个美好的生活、美好的未来,诚如马克思将德国浪漫主义的情怀找到了梦想的现实途径——无产阶级革命和共产主义运动。马克思找到了物质的手段来实现浪漫主义的梦想,使得梦想具有了现实的力量。

第二,美学的革命是否能够带来社会的变革?

朗西埃认为从历史上来讲,美学革命与法国大革命几乎同步出现并不是偶然的,疾风暴雨的大革命改变了封建特权的阶级秩序,改变了社会的可感性结构的分配。在朗西埃看来,美学的革命先于法国大革命之前,就已经动摇了以理性至上及逻各斯中心主义为核心的哲学话语霸权。美学革命具有打破艺术与日常生活的边界,注重具有异质性的歧义的偶然事件,倡导以此来制造歧感,动摇感性的既定分配秩序,实现感性的平等和人的解放。美学的政治是对传统的"治安"逻辑、再现体制、精英话语、既定秩序、传统思维模式的颠覆。

但是这样的审美与政治的解放策略,无疑是很难实现的,就像朗西埃自己也说,"也许有些人会对此不满,指出审美空想距离政治行动和现实革命之间有着无法逾越的鸿沟"①,所以,朗西埃自己也承认他的理论具有这样的矛盾,但他激进地坚持,不管怎样,我们不可能再回到一个半世纪之前,再次回到卢梭和席勒的道德教化色彩的传统艺术的责任之中,因为世界已经变了,时代也变了。一场美学的革命就能带来社会的变革?显然,现实主义的角度来说,答案是否定的。但是朗西埃坚持认为"社会革命,本就是审美革命的后继产物",这就证明他是激进而充满理想主义的情怀。

---

① [法]雅克·朗西埃:《美感论:艺术审美体制的世纪场景》,赵子龙译,北京:商务印书馆2016年版,第10页。

第三，朗西埃的理论体系究竟是解构范式还是建构的模式？

朗西埃所进行的这样一个巨大的美学规划，从事件性、偶然性、歧义的异质性入手，从人的感性身体及最细微的感性结构出发，其理论的气场是在对抗总体性、权威性、精英话语模式的过程中，展现了貌似后现代理论家的解构思维范式。但他与后现代理论家最大的不同之处在于，其理论的最终目标是如马克思所进行的人的解放的宏大事业，依然是一种建构模式在设计和完成着他的理论建设。由感性的分享所带来的美学体制之中那些异质性的、被视为无法发声、无法展现出来的要素，自己展现出来，这种展现需要我们变革美学体制，这种展现体现了政治的美学的意义，在全球化时代背景下，在晚期资本主义制度掌控的世界背景下，朗西埃从这个角度来定义和阐释"平等""民主"具有特别的意义，从美学的维度对"不平等"进行了批判，对资本主义制度及其带来的问题进行了诊断。在《美感论》的最后部分，朗西埃批判资本主义社会艺术被商品和消费逻辑所掌控，而社会主义社会艺术，要想拯救文化和美学，"那些了解资本主义法则的知识分子和艺术家，就必须先去努力加固界限，将严肃艺术——专注于特有材料和手法——与大众消遣和家庭装饰区分开来。时代不再需要艺术家和作家亲身去往民众和'大众文化'之中，不再需要某些艺术形式，来传达工业社会的节拍、劳动的伟业、受压迫者的斗争、城市经验的新形势和这种经验向社会各阶层的扩散"①。可以说，朗西埃用了一系列解构主义哲学的术语的方法论，却是为了实现建构主义的宏大叙事的目的论。所以，我们很难说朗西埃究竟是解构的还是建构的，这一点朗西埃是自相矛盾的地方，也是他之所以被称为缝隙哲学家或者跨界融合的哲学家的原因之一。

本书在朗西埃美学思想的研究中能够坚持实践维度和总体性维度的运用和架构。目前国内对于朗西埃的研究属于全新的课题，多数限于其理论观点的简单梳理，对其美学思想研究成果很少。牢牢抓住朗西埃"感性"

---

① [法] 雅克·朗西埃：《美感论：艺术审美体制的世纪场景》，赵子龙译，北京：商务印书馆2016年版，第269页。

这一核心概念的逻辑演变和深刻内涵,用"感性的分配/分享"所具有的审美政治意蕴架构起本书的总体框架,贯穿他美学思想的核心和始终。从感性入手,朗西埃的美学最核心的机制就是感性的分享或者说分配,由感性的分享至文学、艺术、电影,甚至是政治。由这种因感性的分享所具有的共通感,使得美学体制之中那些异质性的、被视为无法发声、无法展现出来的要素自己展现出来,这种展现需要我们变革美学体制,这种展现体现了政治的美学的意义;能够坚持理性的考察与现实性视角的结合。在对审美与政治的关联的过程中,对美学和政治的概念,进行了理性的梳理和考察。同时结合现实性的视角,对全球化时代背景下,在晚期资本主义掌控世界的背景下,理性地阐释了朗西埃从美学的视角定义和阐释"平等""民主"具有的特别意义;能够坚持对思想历史的演变及本质的揭示和探寻。生活在后现代性充斥周围的法国,朗西埃的很多理论的专业词汇及其阐释都具有鲜明的后现代主义特色,比如"歧义""异质""政治"等概念的阐释,都具有后现代主义解构的色彩。虽然其使用的词汇和用语是解构范式的,也就是说,朗西埃的方法是解构的,但从其本质及目的论的角度来说,其目的却是建构的模式,审美如何发现不平等,如何实现平等,这是朗西埃对美学理论的贡献,也是对政治领域的一大贡献。虽然朗西埃的研究范围看上去非常广泛而庞杂,研究方法看上去不成体系。但朗西埃的总体性体现在其审美平等的诉求上,体现在与马克思一样的人类解放的维度上。因此,从看似琐碎的后现代话语之中,努力寻求朗西埃对人类命运解放的总体性建构逻辑。

总之,在当代美学一度衰落的背景之下,朗西埃重新拾起了美学的信心。对朗西埃的研究无论对于美学学科的发展,还是对于当代文学艺术理论研究以及确立当代艺术的立场,都具有一定的意义和价值。但对于朗西埃美学思想的研究也还有很大的空间。

参考文献

朗西埃著作

［法］雅克·朗西埃：《政治的边缘》，姜宇辉译，上海：上海译文出版社2007年版。

［法］雅克·朗西埃：《图像的命运》，张新木译，南京：南京大学出版社2014年版。

［法］雅克·朗西埃：《文学的政治》，张新木译，南京：南京大学出版社2014年版。

［法］雅克·朗西埃：《哲学家和他的穷人们》，蒋海燕译，南京：南京大学出版社2014年版。

［法］雅克·朗西埃：《词语的肉身：书写的政治》，朱康、朱羽、黄锐杰译，西安：西北大学出版社2015年版。

［法］雅克·朗西埃：《沉默的言语》，臧小佳译，上海：华东师范大学出版社2016年版。

［法］雅克·朗西埃：《歧义：政治与哲学》，刘纪蕙等译，西安：西北大学出版社2015年版。

［法］雅克·朗西埃：《对民主之恨》，李磊译，北京：中央编译出版社2016年版。

［法］雅克·朗西埃：《美感论——艺术审美体制的世纪场景》，赵子

龙译，北京：商务印书馆 2016 年版。

［法］雅克·朗西埃：《历史之名：论知识的诗学》，魏骥德、杨淳娴译，上海：华东师范大学出版社 2017 年版。

［法］雅克·朗西埃：《马拉美：塞壬的政治》，曹丹红译，开封：河南大学出版社 2017 年版。

［法］雅克·朗西埃：《贝拉·塔尔：之后的时间》，尉光吉译，开封：河南大学出版社 2017 年版。

［法］雅克·朗西埃：《电影影像与民主》，见米歇尔·福柯等：《宽忍的灰色黎明——法国哲学家论电影》，李洋等译，开封：河南大学出版社 2014 年版。

［法］雅克·朗西埃：《美学异托邦》，蒋洪生译，见汪安民、郭晓彦主编：《生产》（第 8 辑），南京：江苏人民出版社 2012 年版。

［法］雅克·朗西埃：《民主、无政府主义与今日激进政治：雅克·朗西埃访谈》，蒋洪生译，见汪安民、郭晓彦主编：《生产》（第 8 辑），南京：江苏人民出版社 2012 年版。

［法］雅克·朗西埃：《思考"歧感"：政治与美学》，谢卓婷译，载《马克思主义美学研究》，2014 年第 1 期。

［法］雅克·朗西埃等：《可能性的艺术：与雅克·朗西埃对话》，蒋洪生译，载《艺术时代》，2013 年第 5 期。

［法］雅克·朗西埃：《讲、展和做：在政治与艺术之间》，陆兴华译，载《艺术时代》，2013 年第 32 期。

［法］雅克·朗西埃：《平等的方法》，陆兴华译，载《新美术》，2013 年第 10 期。

［法］雅克·朗西埃：《获解放的观众》，张春艳译，载《当代艺术与投资》，2012 年第 2 期。

［法］雅克·朗西埃：《审美革命及其后果》，赵文、郑冬梅译，载《东方艺术》，2013 年第 13 期。

［法］雅克·朗西埃等：《可能性的艺术：与雅克·朗西埃对话》，蒋洪生译，载《艺术时代》，2013 年第 5 期。

其他著作

[古希腊] 柏拉图：《理想国》，郭斌和、张竹明译，北京：商务印书馆 2002 年版。

[古希腊] 柏拉图：《文艺对话集》，朱光潜译，北京：商务印书馆有限公司 2013 年版。

[古希腊] 亚里士多德：《尼各马可伦理学》，廖申白译，北京：商务印书馆 2003 年版。

[古希腊] 亚里士多德：《诗学》，陈中梅译注，北京：商务印书馆 2002 年版。

[古希腊] 亚里士多德：《政治学》，高书文译，北京：中国社会科学出版社 2009 年版。

[法] 卢梭：《社会契约论》，何兆武译，北京：商务印书馆 1990 年版。

[德] 鲍姆嘉通：《美学》，简明、王旭晓译，北京：文化艺术出版社 1987 年版。

[德] 伊曼努尔·康德：《纯粹理性批判》，邓晓芒译，北京：人民出版社 2004 年版。

[德] 伊曼努尔·康德：《判断力批判》，邓晓芒译，北京：人民出版社 2002 年版。

[德] 黑格尔：《美学》（第 1 卷），朱光潜译，北京：商务印书馆 1979 年版。

[德] 弗里德里希·席勒：《审美教育书简》，冯至、范大灿译，上海：上海人民出版社 2003 年版。

[德] 席勒：《席勒美学文集》，张玉能编译，北京：人民出版社 2011 年版。

[意大利] 维柯：《新科学》，朱光潜译，北京：人民文学出版社 1987 年版。

［德］谢林：《艺术哲学》（上下），魏庆征译，北京：中国社会出版社1996年版。

［德］《马克思恩格斯选集》（第1卷），北京：人民出版社1972年版。

［德］《马克思恩格斯全集》（第46卷），北京：人民出版社1979年版。

［德］马克思：《1844年经济学哲学手稿》，北京：人民出版社2005年版。

［德］马克思、恩格斯：《德意志意识形态》（节选本），北京：人民出版社2003年版。

［德］弗里德里希·威廉·尼采：《悲剧的诞生》，周国平译，北京：生活·读书·新知三联书店出版社1986年版。

［德］弗里德里希·威廉·尼采：《查拉图斯特拉如是说》，黄明嘉译，桂林：漓江出版社2000年版。

［德］弗里德里希·威廉·尼采：《偶像的黄昏》，周国平译，北京：光明日报出版社1996年版。

［德］弗里德里希·威廉·尼采：《曙光》，田立年译，南宁：漓江出版社2000年版。

［德］瓦尔特·本雅明：《机械复制时代的艺术作品》，杭州：浙江摄影出版社1993年版。

［德］瓦尔特·本雅明：《德国悲剧的起源》，陈永国译，北京：文化艺术出版社2001年版。

［德］阿多诺：《美学理论》，王柯平译，重庆：四川人民出版社1998年版。

［德］马克斯·霍克海默、西奥多·阿道尔诺：《启蒙辩证法：哲学片段》，曹卫东译，上海：上海人民出版社2003年版。

［美］赫伯特·马尔库塞：《单向度的人——发达工业社会意识形态研究》，刘继译，上海：上海译文出版社2008年版。

［美］赫伯特·马尔库塞：《审美之维》，李小兵译，桂林：广西师范大学出版社2001年版。

[美] 苏珊·桑塔格：《论摄影》，艾红华、毛建雄译，长沙：湖南美术出版社 1999 年版。

[德] 马丁·海德格尔：《荷尔德林诗的阐释》，孙周兴译，北京：商务印书馆 2000 年版。

[德] 马丁·海德格尔：《艺术作品的本源．林中路》，孙周兴译，上海：上海译文出版社 2008 年版。

[法] 罗兰·巴特：《明室：摄影纵横谈》，赵克非译，北京：文化艺术出版社 2002 年版。

[德] 恩斯特·卡西尔：《人论》，甘阳译，上海：上海译文出版社 1985 年版。

[德] 汉娜·阿伦特：《人的境况》，王寅丽译，上海：上海世纪出版集团 2009 年版。

[法] 米歇尔·福柯：《性经验史》，佘碧平译，上海：上海人民出版社 2000 年版。

[法] 米歇尔·福柯：《生命政治的诞生》，莫伟民、赵伟译，上海：上海人民出版社 2011 年版。

[法] 米歇尔·福柯：《词与物》，莫伟民译，上海：上海三联书店 2001 年版。

[法] 汪民安主编：《福柯读本》，北京：北京大学出版社 2010 年版。

[法] 米歇尔·福柯：《必须保卫社会》，钱翰译，上海：上海人民出版社 1999 年版。

[法] 雅克·德里达：《德里达中国讲演录》，杜小真译，北京：中央编译出版社 2003 年版。

[奥地利] 西格蒙德·弗洛伊德：《精神分析引论》，北京：中央编译出版社 2008 年版。

[匈牙利] 格奥尔格·卢卡奇：《审美特性》，徐恒醇译，北京：中国社会科学出版社 1986 年版。

[德] 哈贝马斯：《作为未来的过去》，章国锋译，杭州：浙江人民出版社 2001 年版。

[英]伊格尔顿:《后现代主义的幻象》,华明译,北京:商务印书馆2005年版。

[英]伊格尔顿:《二十世纪西方文学理论》,伍晓明译,西安:陕西师范大学出版社1987年版。

[法]路易·阿尔都塞:《保卫马克思》,北京:商务印书馆2011年版。

[法]路易·阿尔都塞:《哲学与政治》,陈越编,长春:吉林人民出版社2003年版。

[美]乔纳森·卡勒:《当代学术入门:文学理论》,李平译,沈阳:辽宁教育出版社1998年版。

[美]理查德·沃林:《瓦尔特·本雅明:救赎美学》,吴勇立、张亮译,南京:江苏人民出版社2008年版。

[美]马泰·卡林内斯库:《现代性的五副面孔——现代主义、先锋派、颓废、媚俗艺术、后现代主义》,顾爱彬等译,北京:商务印书馆2002年版。

[美]阿瑟·丹托:《艺术的终结》,欧阳英译,南京:江苏人民出版社2005年版。

[美]阿瑟·丹托:《艺术终结之后》,王春辰译,南京:江苏人民出版社2006年版。

[美]威廉·巴雷特:《非理性的人》,段德智译,上海:上海译文出版社2007年版。

[法]尼古拉斯·伯瑞奥德:《关系美学》,黄建宏译,北京:金城出版社2013年版。

[美]史蒂文·塞德曼:《后现代转向》,吴世雄等译,沈阳:辽宁教育出版社2001年版。

[斯洛文尼亚]齐泽克:《神经质主体》,万毓泽译,台北:台湾桂冠图书股份有限公司2004年版。

杜小真:《福柯集》,上海:上海远东出版社2003年版。

蒋孔阳:《20世纪西方美学名著选》(下册),上海:复旦大学出版社

1988 年版。

程金海:《当代西方对话美学思想研究》,北京:中国书籍出版社 2012 年版。

高宣扬:《当代法国思想五十年》,北京:中国人民大学出版社 2005 年版。

杨凯麟:《自我的去作品化:主体性与问题化场域的福柯难题》,见黄瑞棋主编:《再见福柯:福柯晚期思想研究》,杭州:浙江大学出版社 2008 年版。

赵一凡:《从胡塞尔到德里达——西方文论讲稿》,上海:上海三联书店 2007 年版。

梁峰:《知识与自由——哈耶克政治哲学研究》,北京:知识产权出版社 2007 年版。

期刊文献:

[法] 哈兹米格·科西彦:《朗西埃、巴迪欧、齐泽克论政治主体的形塑——图绘当今激进左翼政治哲学的主体规划》,孙海洋译,载《国外理论动态》,2016 年第 3 期。

[澳] 尼古拉斯·康普瑞德斯:《转向与回归:政治思想之中的审美转向》,强东红译,载《马克思主义美学研究》,2016 年第 1 期。

王杰、胡漫:《当代美学中的艺术与政治——艾尔雅维奇教授访谈录》,载《文艺研究》,2017 年第 12 期。

刘永谋:《现代人的境遇与解放——福柯人学述评》,载《中国人民大学学报》,2006 年第 6 期。

蒋洪生:《作为剧场的政治和艺术》,载《艺术时代》,2013 年第 4 期。

蒋洪生:《关系艺术,还是歧感美学》,载《艺术时代》,2013 年 5 期。

陆兴华:《电影就是政治:朗西埃电影理论研究》,载《文艺理论研究》,2012 年第 6 期。

陆兴华:《当代艺术:审美平等下的艺术行动——法国哲学家雅克·朗西埃访谈》,载《社会科学报》,2013 年 8 月 1 日。

杨成瀚:《"与洪席耶面对面:洪席耶作品与思想座谈会"记录》,载《文化研究》,2012 年第 15 期。

刘永谋:《现代人的境遇与解放——福柯人学述评》,载《中国人民大学学报》,2006 年第 6 期。

孙斌:《美:关于幸福的言说——维特根斯坦早期哲学思想中的美学观》,载《浙江学刊》,2000 年第 3 期。

英文文献:

J. Rancière, *The Ignorant Schoolmaster*, trans by Ross K, California: Stanford University Press, 1991.

J. Rancière, *Malaise dans l'esthétique*, Paris: Galiée, 2004.

J. Ranciere, *Film Fables*, trans. Emiliano Battista, Oxford New York: Berg Publishers, 2006.

J. Rancière, *The Politics of Aesthetics: The Distribution of the Sensible*, translated by Gabriel Rockhill, London and New York: Continuum Press, 2006.

J. Ranciere, *The Future of the Image*, translated by Gregory Elliott, New York: Verso, 2007.

J. Rancière, *The Emancipated Spectator*, London: Verso, 2009.

J. Rancière, *The Aesthetic Unconsciousness*, Malden: Polity Press, 2009.

J. Rancière, *Dissensus, On Politics and Aesthetics*, Edited and Translated by Steven Corcoran. New York: Continuum International Publishing Group, 2010.

J. Rancière, *Chronicles of Consensual Times*, trans. by Corcoran S, London and New York: Continuum, 2010.

J. Rancière, "*Against an Ebbing Tide: An Interview with Jacques Ranciere", in Bowman, Paul and Richard Stamp (eds), *Reading Ranciere*, London and NewYork: Continuum, 2011.

J. Rancière, *Mute Speech: Literature, Critical Theory, and Politics*, Columbia University Press, 2011.

Michel Foucault, *La grande étrangère: à propos de literature*, Paris: éditions EHESS, 2013.

Lyotard, *The Inhuman: Reflections on Time*, Polity Press, 1991.

Slavoj Žižek, *The Parallax View*, Cambridge, MIT press, 2006.

后 记

本书是在我博士论文基础上修改完成的。可以说,对朗西埃的研究是非常艰难的。首先,虽然目前国内对朗西埃的著作已经翻译了十余本,但朗西埃的研究范围比较广,广泛涉及政治学、哲学、社会学、档案学、历史学及文学和艺术等领域。他是一个具有融合思维的法国当代学者,思维比较活跃和发散,自创了很多词汇,而且都对其进行了独特的解释。如果不进行系统的对比和梳理工作,很难理解朗西埃很多专业词汇的内涵和外延,如果仅看中译本,必然会对朗西埃的思想理解不到位、不深刻。第二,如果单纯地根据他的理论本身和论述的内容本身做研究,而不去从总体的、实践的、历史的维度去考量其思想体系的整体性,势必不能理解他真正的意图和理论背后的深意。比如他的作品中,大量关于文学作品、电影、雕塑、舞蹈的分析,都是为他的核心思想服务的,也就是其"感性的分配和分享"的领域和内容,以此来实现审美政治价值及其平等维度。所以,要立足于西方哲学史和美学史的总体情况来把握,才能通过理性的、逻辑的推演,发现其庞杂的内容背后的逻辑脉络。第三,对政治和美学关系的把握。政治是一个很难研究的领域,在对政治与美学的关系、审美与政治的关联进行爬梳梳理的过程中,要依据马克思主义美学研究的宏大视野和理论视角,在马克思主义人类解放的伟大征程中去厘清审美与政治之间的关系以及当代审美文化现象。

尽管研究艰辛,研究内容还存在不少疏漏,但终于也能得以出版。首先要感谢在我本硕博期间给予我培养的黑龙江大学及哲学学院,感谢东莞

后　记

理工学院和东莞理工学院马克思主义学院对本书出版的大力支持，尤其感谢中央编译出版社李媛媛编辑的热情、认真、负责、高效，才使得这本书能够顺利、快速成稿出版。感谢我的恩师于文秀教授和曹晖教授在博士期间给予的所有意见和修改工作。感谢贾媛媛教授、罗跃军教授、张奎志教授、郭玉生教授、蒋红雨教授、王晓东教授、王国有教授、周来顺教授、赵海峰教授、王秋教授等给予过我研究方面的帮助和指导。感谢我的家人给予我学业和工作上莫大的帮助。感谢我的至爱亲朋、同学、同事们给予我的鼓励、支持和宽慰。